基礎 自動車工学

野崎博路 著

Basic Automobile Engineering

TDU 東京電機大学出版局

は じ め に

　著者はカーメーカーの研究所等にて，操縦安定性の研究，車両計測診断装置の研究開発，サスペンションチューニング装置の開発等を行い，平成13年に大学教員となり，ドライビングシミュレーターを用いた操縦安定性の研究を行うとともに，自動車工学の講義を受け持っている。

　本書では，自動車の走行力学と性能に関する基本的な原理と理論の理解を目的としている。また，「走る，曲がる，止まる」という，自動車の基本となる機能と技術を中心に記述する。自動車の技術の発展は日進月歩でめざましいものがある。そこで本書では，新しい技術についても記述を行った。例えば今日は，ドライビングシミュレーターを用いた研究開発が盛んになってきており，その内容についても記述を加えた。

　一方，内燃機関は自動車にとって主要な装置であるが，独立した専門分野として存在し，数々の良著がある。そこで，本書では「走る，曲がる，止まる」に関連する，"走行抵抗と動力性能"のみを採り上げて記述を行った。

　全体的には，"走り"を中心に著者の専門分野の内容を主として記述を行った。

　本書は，大学または高等専門学校の教科書，または自動車に興味を持つ学生の独習書として執筆したものである。

　本書を執筆するにあたって，数多くの書籍や文献を参考にさせていただいたが，著者の勉強不足のため不行き届きの点が多々あると思われる。謹んで参考にさせていただいた著者の方々に深甚の謝意を表すと同時に，読者諸兄のご教示をお願いする次第である。

　なお，本書は平成17（2005）年㈱山海堂より出版し，今回前書に多数の修正を加え，第8章を追記し，新たに本書を学校法人 東京電機大学出版局より出版することになった。

　出版にあたりお世話いただいた，学校法人東京電機大学出版局 出版局長 植村八潮氏ほか，ご協力をいただいた関係者の方々に深くお礼申し上げる。

平成20（2008）年7月吉日

著　者

目次

第1章　タイヤの力学 ………… 1
1.1　コーナリングフォース特性 ………… 1
1.2　セルフアライニング特性について ………… 7
1.3　制動力・駆動力作用時のタイヤのコーナリング特性 ………… 8
1.4　スリップ率〜タイヤ前後力 F_x の関係 ………… 10
第1章演習問題 ………… 11

第2章　操縦性・安定性 ………… 13
2.1　ステアリングとサスペンション装置 ………… 13
　　2.1.1　ステアリング装置の原理 ………… 13
　　2.1.2　ステアリングの種類と構造 ………… 15
　　2.1.3　パワーステアリング装置 ………… 17
　　2.1.4　ホイールアライメント ………… 18
2.2　サスペンション装置 ………… 23
　　2.2.1　サスペンション装置の役割 ………… 23
　　2.2.2　サスペンションの種類と構造 ………… 24
2.3　操縦性・安定性の評価 ………… 30
　　2.3.1　旋回特性 ………… 30
　　2.3.2　走行実験による評価 ………… 32
2.4　操縦性・安定性の力学 ………… 35
　　2.4.1　基礎方程式 ………… 35
　　2.4.2　定常円旋回の解析 ………… 38
　　2.4.3　操舵による過渡応答 ………… 43
　　2.4.4　車体のロール運動 ………… 45
　　2.4.5　ステアリング・サスペンション特性の影響 ………… 50
2.5　発展的内容 ………… 55
　　2.5.1　制動駆動による影響 ………… 55
　　2.5.2　限界性能 ………… 58
　　2.5.3　新しい技術 ………… 59
第2章演習問題 ………… 63

目　　次

第3章　乗り心地・振動 ……… 65

3.1　乗り心地 ……… 65
3.1.1　一般 ……… 65
3.1.2　乗り心地の基礎 ……… 66

3.2　振動・騒音 ……… 78
3.2.1　ステアリングシミー ……… 78
3.2.2　こもり音 ……… 79
3.2.3　ロードノイズ ……… 80

3.3　バウンス系（上下動系）のサスペンションチューニングについて ……… 81
3.3.1　バウンス系（上下動系）の振動特性について ……… 81
3.3.2　スプリングのばね定数のチューニング ……… 84
3.3.3　ショックアブソーバー～ばね定数のチューニング ……… 85
3.3.4　ばね定数～タイヤ偏平率，ロードホイールの軽量化のチューニング ……… 87

第3章演習問題 ……… 89

第4章　制動性能 ……… 91

4.1　ブレーキ装置 ……… 91
4.1.1　要求性能 ……… 92
4.1.2　ブレーキ装置の種類と構造 ……… 92

4.2　制動力学 ……… 106
4.2.1　制動力の計算 ……… 106
4.2.2　制動力の前後配分比 ……… 108
4.2.3　制動能力 ……… 114

4.3　制動性能の制御装置 ……… 115

4.4　効きの安定性 ……… 119
4.4.1　フェード ……… 119
4.4.2　ウォーターフェード ……… 120
4.4.3　ペーパーロック ……… 120

第4章演習問題 ……… 121

第5章　走行抵抗と動力性能 ……… 123

5.1　走行抵抗 ……… 123
- 5.1.1　転がり抵抗 ……… 123
- 5.1.2　空気抵抗 ……… 124
- 5.1.3　勾配抵抗（登坂）……… 125
- 5.1.4　加速抵抗 ……… 125

5.2　動力性能 ……… 126
- 5.2.1　走行性能線図 ……… 126
- 5.2.2　加速性能 ……… 128
- 5.2.3　燃料消費率 ……… 129

5.3　惰行性能 ……… 130

第6章　新しい自動車技術 ……… 133

6.1　一般 ……… 133
6.2　新エネルギー自動車（ハイブリッド車，燃料電池式電気自動車）……… 134
6.3　自動車の安全性 ……… 137
- 6.3.1　衝突安全性と予防安全性 ……… 137
- 6.3.2　安全性向上技術 ……… 139

6.4　これからの社会に適応した自動車技術 ……… 144
- 6.4.1　ITと自動車 ……… 144
- 6.4.2　少子高齢化社会と自動車 ……… 145
- 6.4.3　要素技術の発展 ……… 148

第7章　人-自動車系の運動 ……… 151

7.1　ドライビングシミュレーターの活用 ……… 151
- 7.1.1　ドライビングシミュレーターの分類 ……… 151
- 7.1.2　ドライビングシミュレーターの歴史 ……… 152

7.2　ドライバーモデル ……… 160
- 7.2.1　前方注視モデル ……… 160
- 7.2.2　ドリフトコーナリング時のドライバーモデルの研究例 ……… 161

7.3　ドライバーの状態量の計測 ……… 168

　　　　　7.3.1　発汗量の計測によるドライバーのリスク評価の研究例 ············ 169
7.4　（参考）本研究室（近畿大学の時）の手作り
　　　フォーミュラカーへの取り組み ············ 173
7.5　まとめ ············ 175

第8章　ドライビングシミュレーターの更なる研究と応用 ············ 177

8.1　トヨタのドライビングシミュレーター ············ 177
8.2　安全向上のための運転支援システムの研究例
　　　（第7章の図7-10の本田技研ドライビングシミュレーターを
　　　用いた発展的研究） ············ 179
8.3　ドリフトコーナリング対応
　　　ドライビングシミュレーター ············ 179
8.4　まとめ ············ 184

演習問題の解答 ············ 185

参考文献 ············ 187

索引 ············ 189

第1章　タイヤの力学

　第2章および第4章では，操縦性・安定性および制動性能について記述するが，操縦性・安定性および制動安定性の理論は，タイヤ特性に起因しているので，この章にて，タイヤ特性についての紹介を行う。

1.1　コーナリングフォース特性

　まず図1-1のように，タイヤの進行方向とタイヤのなす角度 β を，タイヤのスリップ角と呼ぶ。

　タイヤのコーナリングフォース特性は，スリップ角に対し，図1-2のように，あるスリップ角（約4°）までは線形領域であり，直線的にコーナリングフォースが増加する。さらにスリップ角が大きくなると，非線形領域となり，増加割合は減少する。さらに大きいスリップ角域（約10～15度）では限界領域となり，飽和または減少傾向となる。

　通常の走行状態では，線形領域が使われることが多く，この小スリップ角時の立ち上がりの勾配を，コーナリングパワー K と呼び，この時，コーナリングフォースは，次式で表される。

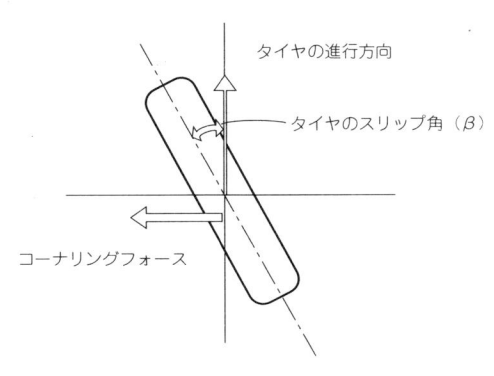

図1-1　タイヤのコーナリングフォース発生のメカニズム

第1章　タイヤの力学

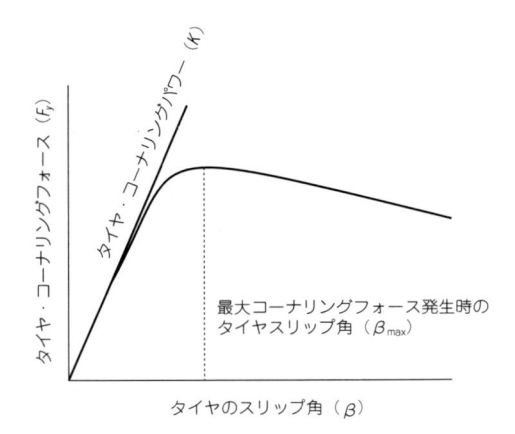

図1-2　タイヤのコーナリングフォース特性

$$F_y = K\beta \quad \cdots\cdots\cdots\cdots\cdots\cdots\cdots\cdots\cdots\cdots\cdots\cdots\cdots\cdots\cdots\cdots\cdots\cdots\cdots\cdots\cdots (1.1)$$

　最大コーナリングフォース発生時のタイヤスリップ角 β_{max} を過ぎると，タイヤは滑り領域に入る。

　車両がスピンした時などは，後輪がこの滑り領域に入って，タイヤのスリップ角は，かなり大きくなってしまっている状態になる。

　また，タイヤのコーナリングフォース特性は，高荷重ほど同一スリップ角にて，高いコーナリングフォースを発生する（**図1-3**）。

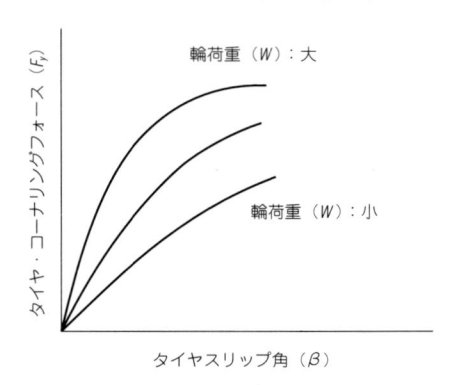

図1-3　輪荷重によるコーナリングフォース特性の違い

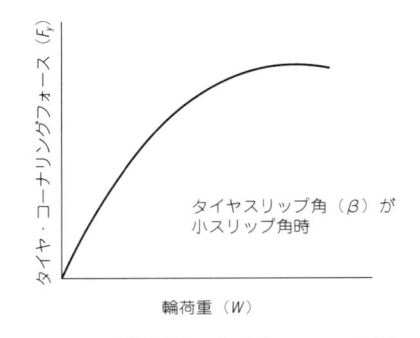

図 1-4 輪荷重～タイヤ・コーナリングフォース特性

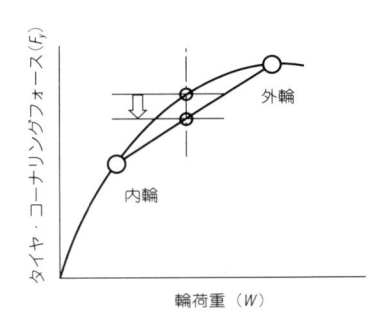

図 1-5 内外輪平均のコーナリングフォースの落ち込み

　これを，荷重～コーナリングフォース特性で見ると，図 1-4 のようになる。
　すなわち，高荷重になるほど，タイヤの発揮する力は頭打ちとなり，直線的変化（リニア）ではなくなるわけである。
　したがって，ロールして荷重移動が生じると，外輪側は，このタイヤの発揮力の頭打ち部分に入ってしまい，内外輪の平均コーナリングフォースは低下してしまうのである（図 1-5）。
　つまり車両の重量配分，前後輪のロール剛性配分等が大事になってくるわけである。
　うまく，このようなタイヤの非線形性を利用して，前後輪のコーナリングフォース特性が，適度なアンダーステアを維持するような車両のチューニングが必要である。
　また，一般に偏平タイヤの場合，タイヤの接地面が広いので，タイヤのグリップ限界は高く，図 1-6 のように向上する。すなわち図 1-6 において，
・タイヤの最大コーナリングフォース：$F_{y\,max} \Rightarrow F_{y\,max'}$ となる。
・タイヤのコーナリングパワー：$K \Rightarrow K'$ となる。
　実際のタイヤデータ例を，図 1-7 に示す。
　したがって車両の運動特性としては，コーナリングのスキッド（滑り）限界 G（加速度）が高まり，ハードなコーナリングができ，また，コーナリングパワーも高まるので，ハンドルに対して，クイックに車両が追従するよう

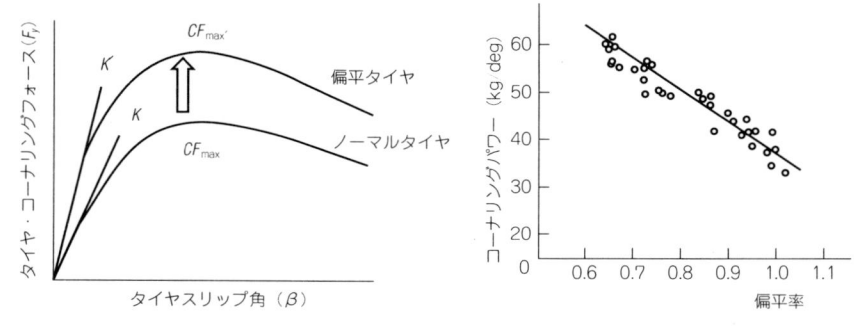

図 1-6　偏平タイヤのタイヤ・コーナリングフォース特性

図 1-7　偏平率～タイヤ・コーナリングパワーの関係

になる．

　また，荷重～コーナリングフォース特性においても，より高荷重まで，リニアな傾向が維持できる方向に近づくので，車両としては，かなり高いコーナリング限界 G のところまで，コーナリングフォースが頭打ちの領域を使わなくて済み，内外輪の平均のコーナリングフォースの落ち込みを低減できることになる（図 1-8）．

　以上のように，偏平タイヤはよりタイヤ特性のリニアな領域が広がるので望ましいが，例えば，軽い車両では，コーナリング時の外輪荷重はそれほど大きくはならないので，極端な幅広タイヤは，オーバークオリティーであまり役立っていないというケースになる場合もあるので，車格に応じ，タイヤ

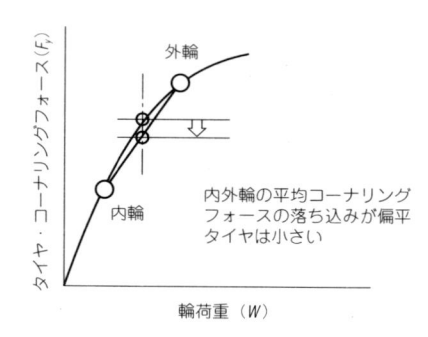

図 1-8　偏平タイヤの輪荷重～タイヤ・コーナリングフォース特性

サイズ，タイヤ幅サイズの選定が大事になってくる。

　またサスチューニングにおいては，ロール剛性が低い，すなわち，ばね，ショックが柔らかいのに，タイヤだけかなりの幅広タイヤを用いるということは，あまり有効ではない。

　というのは，車両がロールする際に，サスペンション形式によっては異なるが，ロール剛性が低いと，車体ロールによって，タイヤの外側面の接地圧は高いが，内側の接地圧は低いというケースがある。

　この場合は，いくら幅広タイヤを用いてもタイヤの広い接地面を有効に生かしきれていないということになるので，注意が必要である。

　例えば，きついコーナリングを連続して行ってみて，タイヤの外側のみしか，タイヤ面の温度が上がらなく，内側は冷めている場合は，タイヤの内側を有効に生かしきれていないことになる。

　この場合は，ばね～スタビ，そしてショックアブソーバー減衰力等をやや

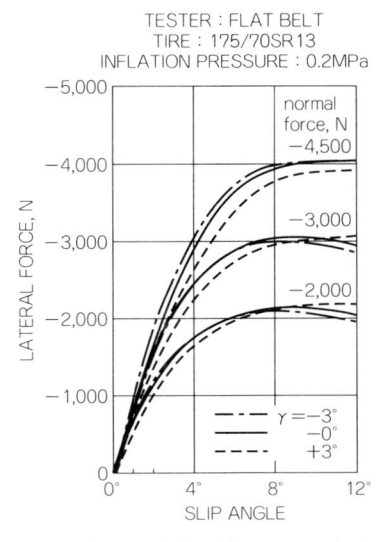

(a) コーナリングフォース (*CF*)
　～タイヤスリップ角 (α)，キャンバー角 (γ) 特性

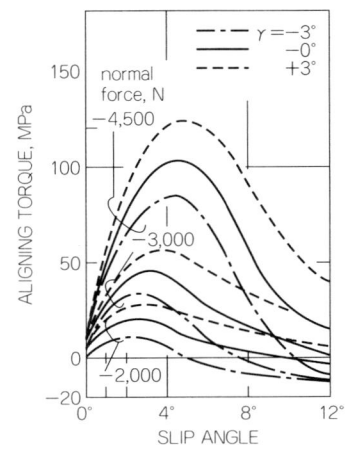

(b) セルフアライニング・トルク (*SAT*)
　～タイヤスリップ角 (α)，キャンバー角 (γ) 特性

図1-9　タイヤ・コーナリング特性の測定結果例（その1）

第1章 タイヤの力学

(c) 駆動，機動力が加わった時のコーナリングフォース（CF），〜タイヤスリップ角（α），キャンバー角（γ）特性

(d) 駆動，機動力が加わった時のセルフアライニング・トルク（SAT）〜タイヤスリップ角（α），キャンバー角（γ）特性

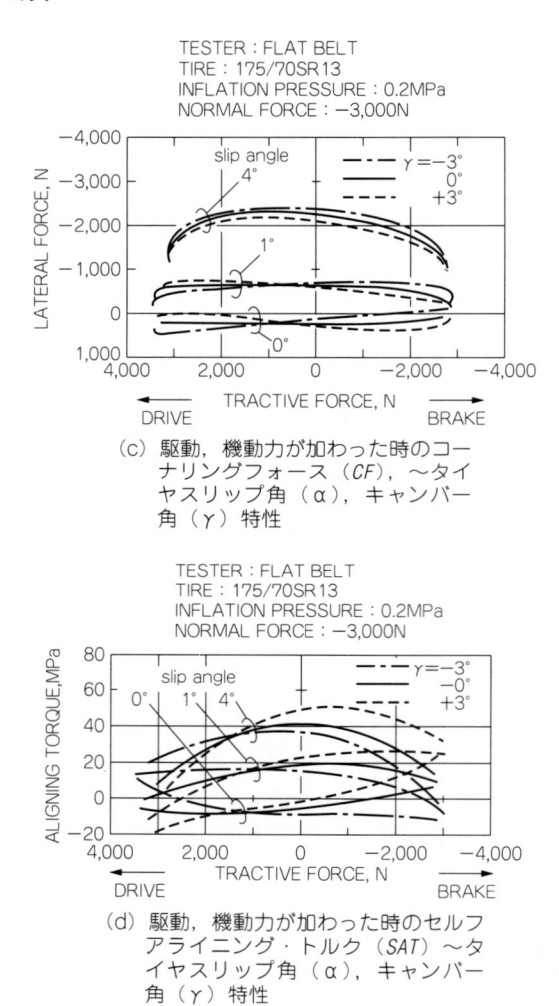

図1-9　タイヤ・コーナリング特性の測定結果例（その2）

アップして，タイヤ接地面を，全体的に生かせるように配慮してやることは，有効である。

　また，タイヤ特性は制駆動力によって，コーナリングフォースの低下を招く。

これについては，1.3項において記述した。

参考までに，フラットベルト式タイヤテスターによる，タイヤのテストデータの一例を，図1-9に示す。

1.2 セルフアライニング特性について

タイヤは，スリップ角を生じると，タイヤ接地中心から，タイヤのニューマチックトレール t_0 だけ後方に，コーナリングフォースが作用する（図1-10）。

したがってタイヤは，タイヤ中心P回りに，セルフアライニングトルク SAT を生じることになる。

$$セルフアライニングトルク：SAT = F_y \times t_0 \quad \cdots\cdots\cdots\cdots (1.2)$$

で表される。

このセルフアライニングトルクがあるので，例えば，ハンドルから手を離した時に，ハンドルは元に戻ろうとする力を受けるのである。

ただしこの場合，すなわち前輪の場合は，キャスター角があるので，ハンドル端に伝わるモーメントの量を決めるトレールは，図1-11のように，タイヤニューマチックトレール t_0 と，キャスタートレール t_{CAS} の和となり，

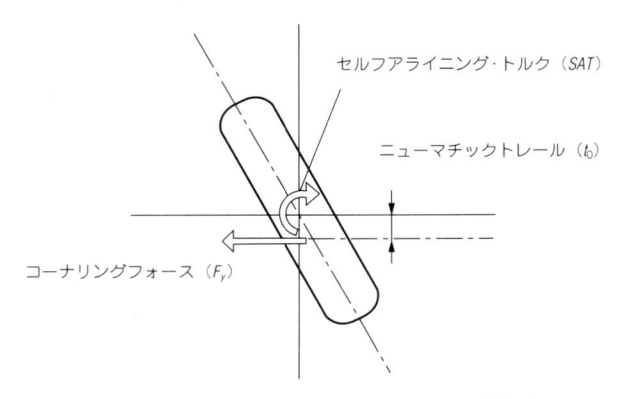

図1-10 タイヤのセルフアライニング特性

第 1 章 タイヤの力学

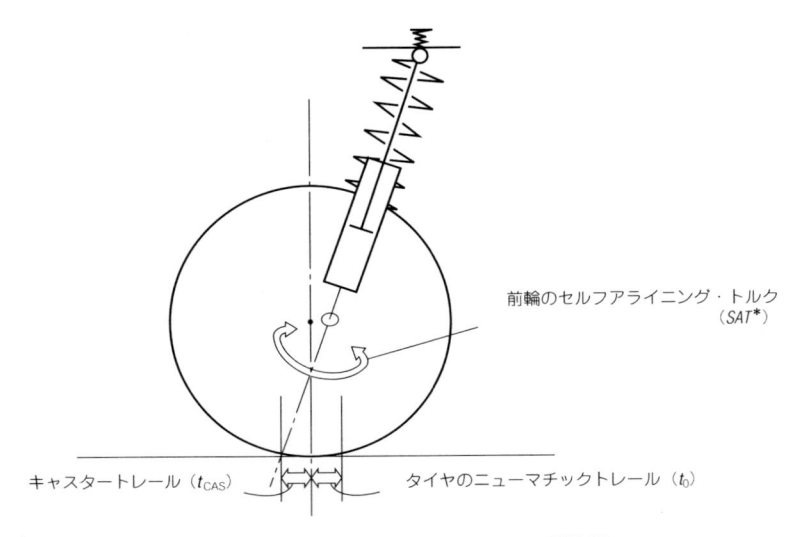

図 1-11 前輪のセルフアライニング特性

前輪のセルフアライニング・トルク：$SAT^* = F_y \times (t_0 + t_{CAS})$ ……(1.3)

で表される。

1.3 制動力・駆動力作用時のタイヤのコーナリング特性

制動力や駆動力のタイヤ前後力 F_x と，コーナリングフォース等のタイヤ横力 F_y の合力は，タイヤの最大摩擦力の表す円内にとどまる（図 1-12）。この円はタイヤ摩擦円と呼ばれる。タイヤの最大摩擦力は，タイヤ接地荷重 F_z と路面摩擦係数 μ を掛けたものであるから，次式の関係が成り立つ。

$$\sqrt{F_x^2 + F_y^2} \leq \mu F_z \qquad (1.4)$$

タイヤの前後力が作用している場合，大きなタイヤスリップ角で達し得る最大の横力 $F_{y\max}$ は，次式となる。

$$F_{y\max} = \sqrt{(\mu F_z)^2 - F_x^2} \qquad (1.5)$$

制動力・駆動力作用時のタイヤのコーナリング特性

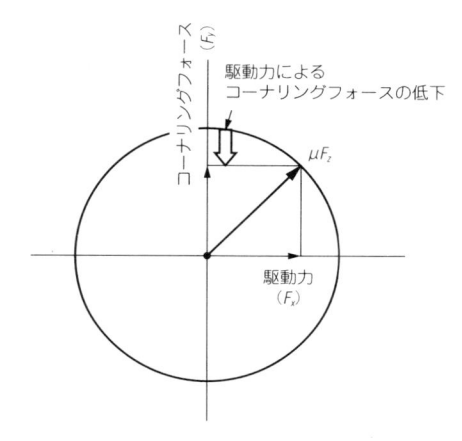

図 1-12　駆動力～コーナリングフォース特性

ここで，F_y はタイヤのスリップ角 β により変化するため，β の関数式 $f(\beta)$ を用いて表すことができるものとする。

$$F_y(\beta) = f(\beta) \times F_{y\max} = f(\beta)\sqrt{(\mu F_z)^2 - F_x^2} \quad \cdots\cdots (1.6)$$

式（1.6）より，どのような横滑り角でも，タイヤ前後力により，次式のような低下度合いとなる。

$$\frac{F_y(\beta)}{F_{y0}(\beta)} = \frac{f(\beta)\cdot\sqrt{(\mu F_z)^2 - F_x^2}}{f(\beta)\cdot \mu F_z} = \frac{\sqrt{(\mu F_z)^2 - F_x^2}}{\mu F_z} \quad \cdots\cdots (1.7)$$

したがって，$\dfrac{F_y(\beta)}{F_{y0}(\beta)} = \dfrac{F_y}{F_{y0}}$ となる。

ここで F_{y0} は，タイヤ前後力 $F_x = 0$ の時のタイヤ横力を示す。

上式を変形すると，次式となる。

$$\left(\frac{F_x}{\mu F_z}\right)^2 + \left(\frac{F_y}{F_{y0}}\right)^2 = 1 \quad \cdots\cdots (1.8)$$

すなわち，あるタイヤスリップ角が与えられた時の，タイヤ前後力 F_x とタイヤ横力 F_y の関係は，楕円の式で表されることがわかる。

第1章　タイヤの力学

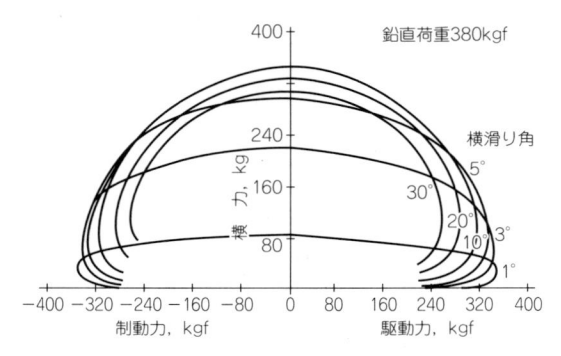

図 1-13　駆動や制動を伴うタイヤの特性

図 1-13 は，実際のタイヤ前後力 F_x とタイヤ横力 F_y の関係を示す．

1.4　スリップ率～タイヤ前後力 F_x の関係

タイヤと路面間の滑りの度合いを示すスリップ率 s は，次式で表される．
（制動の場合）

$$\text{スリップ率}\ s = \frac{\text{車両速度} - \text{車輪速度}}{\text{車両速度}} \quad\cdots\cdots\cdots\cdots (1.9)$$

（駆動の場合）

$$\text{スリップ率}\ s = \frac{\text{車輪速度} - \text{車両速度}}{\text{車輪速度}} \quad\cdots\cdots\cdots\cdots (1.10)$$

ここで車輪速度は，（タイヤの有効半径×タイヤ回転角速度）を意味する．
車輪がまったく滑らない状態では，スリップ率は0である．車輪がロックして，車両が滑っている状態は，スリップ率は1である．
次に図 1-14 は，あるタイヤスリップ角が与えられた時の，スリップ率に対する，タイヤ前後力 F_x とタイヤ横力 F_y を示す．タイヤの横力は，スリップ率が 0％ の時に最大で，スリップ率が 100％ の時に 0 となる．
すなわち，駆動時にホイールスピンが生じたり，ブレーキング時に車輪が

スリップ率～タイヤ前後力 F_x の関係

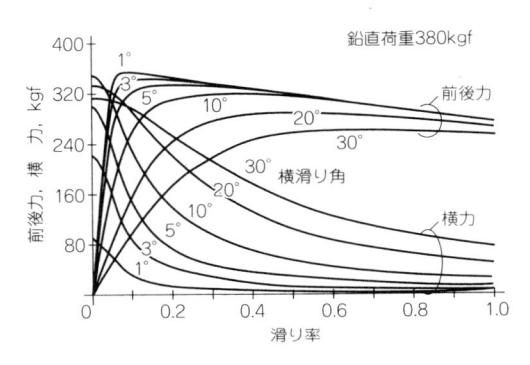

図1-14 スリップ率～タイヤ前後力，横力の特性

ロックして，タイヤ接地面が滑ったりした場合は，タイヤの横力は発揮できず，ハンドルを操舵しても，コントロールが効かない状態になることを示す。ABS（アンチ・スキッド・ブレーキ）は，スリップ率が小さいところで，うまく最大の制動力が生じ，しかもそのポイントでは，タイヤ横力の減少も少ないので，操舵コントロールが効く，そのような領域に制御を行っている。

第1章演習問題

(1) 制動，駆動を行った時のタイヤの最大コーナリングフォースは，制駆動力が働かない時と比べ，どのように変化するのか？（図や式で示すこと。）

第2章 操縦性・安定性

　自動車の基本的な運動である，走る・曲がる・止まるという性能において，本章では，曲がるという横方向の運動性能に関連する内容について解説を行っている。操縦性とは，ハンドルを切った時の舵の効き，舵の重さ，すなわち車両の回頭性および操舵感のような性質を示し，安定性とは，ハンドルを切って車両が動いた後の収束性のような性質，あるいは外乱に対する，車両自体が持っている復元力の大きさ等を示す。操縦性と安定性は，適度なバランスが必要である。そして予防安全性において，制動性能とともに，重要な役割を担うものである。実際のシチュエーションにおいても，例えば，緊急回避の状態においては，ハンドル操作と制動操作を複合的に行っている。
　また，ステアリング装置とサスペンション装置との関連性は深い。すなわち，ハンドルを切ると，車輪は，サスペンションのキングピン軸回りに回転し，ステアされる。したがって，サスペンション特性との関連は深い。逆に，車体がロールした時の車輪の幾何学的な動き（サスペンションジオメトリー）は，ステアリング特性も関連する。
　そこで本章では，これらを関連づけて紹介を行っている。

2.1　ステアリングとサスペンション装置

2.1.1　ステアリング装置の原理

　ステアリング装置には，アッカーマン・ジャント式とパラレルリンク機構がある。
　前者のステアリングリンケージについては，図2-1のように，左右のナックルアームの延長線が，後輪のアクスルの中心で交わるように設定すると，車速が0 km/h時の旋回において，4輪ともに，タイヤに横滑りが生じないで旋回できることを示す（図2-2）。これは，アッカーマン・ジャント式と呼ばれている。図2-2に示すように，旋回時に左右輪の切れ角特性を変えて

第 2 章 操縦性・安定性

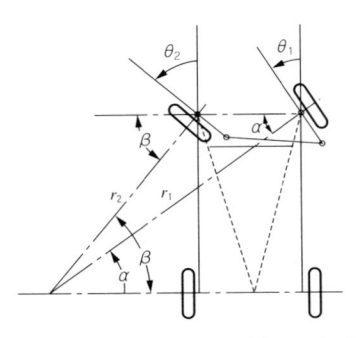

図 2–1 アッカーマン・ジャント式

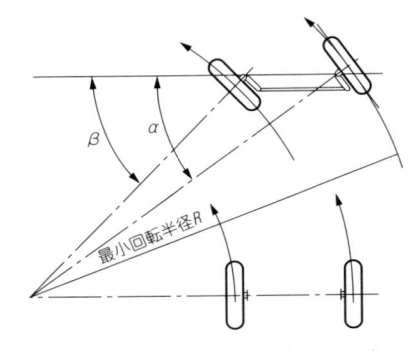

図 2–2 アッカーマン・ジャント式の旋回時の切れ角

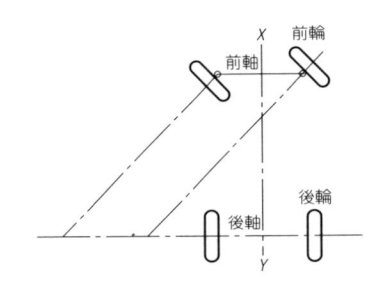

図 2–3 パラレル式の旋回時の切れ角

やることで，旋回時に余計なスリップ角が生じて，タイヤの偏摩耗が生じる等の不都合を防いでいる。

　また，後者のパラレルリンク機構の例を，図 2–3 に示す。パラレルリンク機構の場合は，左右輪の切れ角差は生じない。したがって極低速時の旋回時に，アッカーマン・ジャント式と異なり，内外輪にスリップ角が生じてしまう。これは，ステアリングの復元性を低下させる一因ともなっている。しかし，中低速時等のコーナリングでは，内外輪の荷重移動等もあり，条件は複雑となる。したがって現実には，完全なアッカーマン・ジャント式ではなく，パラレルリンクの傾向もいくぶん加えた設定としている。

2.1.2　ステアリングの種類と構造

(1) R&P 式（ラック＆ピニオン式）

　ラック＆ピニオン式の構造を図 2-4 に示す。ステアリングの先端に取り付けられたピニオンギヤがラックギヤとかみ合っている。そして，ステアリングシャフトとピニオンは，ラバーカップリング，あるいはチューブインチューブなどにより連結されている。

　ハンドルの操作によりピニオンが回転すると，ラックギヤが横方向に移動し，タイロッドエンドを介して，車輪を操舵する。

　長所としては，次項の RB タイプのように，スチールボールとギヤ間のガタ等の問題がなく，微小舵角での応答性も優れる。スポーツタイプの車両のほとんどが，この形式を採用している。短所としては，RB タイプのようなフリクション感のない滑らかな操舵フィーリングが得にくい。

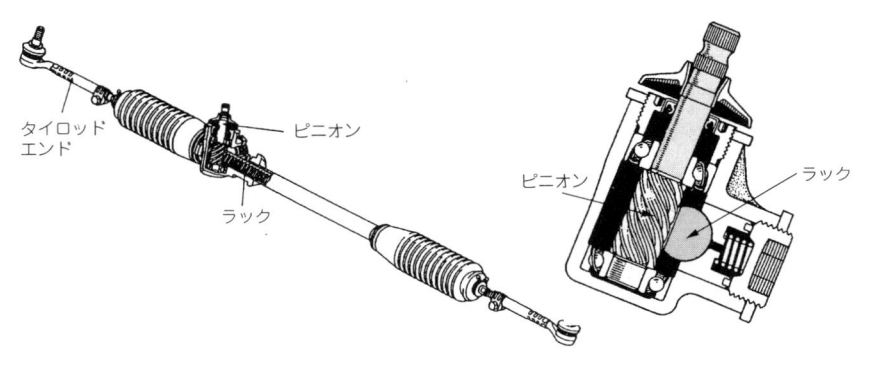

図 2-4　ラック＆ピニオン式ステアリングギヤ[1]

(2) RB（リサーキュレーティングボール式）

　リサーキュレーティングボール式の構造を図 2-5 に示す。ウォームシャフトの外周とボールナットの内側の丸いねじ溝の間に，多数のスチールボールを入れ，ころがり接触により，フリクションの少ない滑らかな操舵フィーリングをもたらしている。反面，ステアリングギヤのガタを生じる場合もある。

　次にリンクの動きを説明する。ハンドルの操作により，ステアリングシャフトと連結されたウォームシャフトが回転すると，スチールボールは溝の中

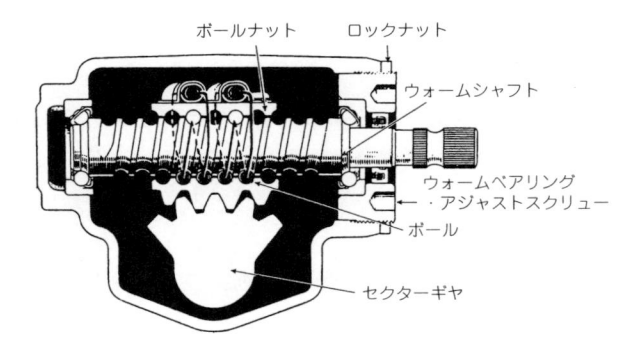

図中ラベル: ボールナット／ロックナット／ウォームシャフト／ウォームベアリング・アジャストスクリュー／ボール／セクターギヤ

図 2-5　RB（リサーキュレーティングボール）式ステアリングギヤ[1]

を転動し，ボールナットを軸方向に移動させる。ボールナットの1つの面には歯が切ってあり，セクターギヤとかみ合っている。セクターシャフトの回転ピットマンアームが作動し，ステアリングリンク機構に力が伝達される。

　長所としては，対摩耗性や対荷重性に優れている。

(3) 車輪転舵軸受

　ハンドルを回転させた時の前輪の回転軸の方式は，車軸懸架式ではキングピン式，ダブルウィッシュボーン等の独立懸架式では，上下のボールジョイントを結ぶ中心線を軸とした方式が採られている。

①キングピン式

　この方式では，前輪はキングピンを介して転舵される。その結合方法は，**図2-6**の(a)(b)(c)(d)の4通りある。(a)ははさみ型と呼ばれ，端部が二又になっており，この間に車輪軸をはさむ形状でエリオット型ともいっている。(b)の握り型は，はさみ型と逆の形状をしており，逆エリオット型という。(c)はルモアン型といわれ，前輪軸はかぎ状に曲がって，下から軸受部に入っている。(d)は逆ルモアン型またはマーモン型と呼ばれ，(c)の逆である。

②ボールジョイント方式

　図2-7に示すように，ダブルウィッシュボーン等の独立懸架の場合に用いられる方式で，前輪軸を上下2つのボールジョイントでコントロールアームに結合させる。車輪が上下動しても，コントロールアームは，ボールジョイント回りに自由に揺動できる。

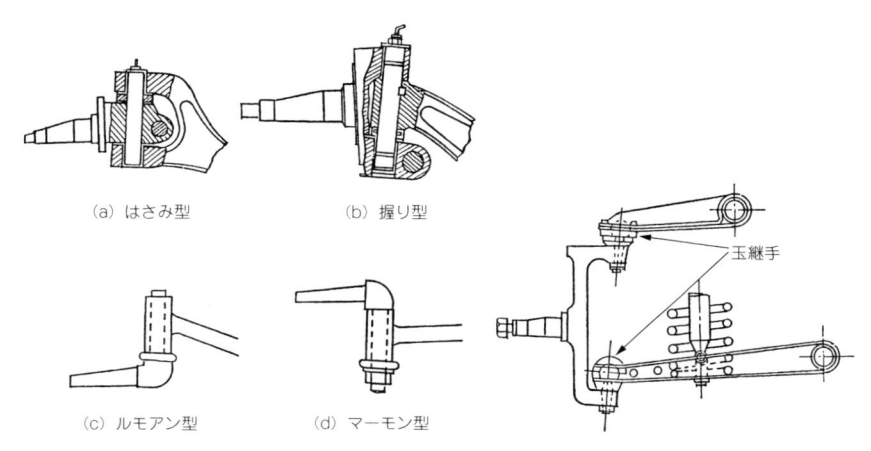

図2-6　キングピンの方式[2]　　図2-7　ボールジョイント方式[2]

(4) ステアリングOAギヤ比

　ステアリングオーバーオール・ギヤ比は，ハンドル角に対する前輪実舵角の比を示している。具体的には例えば，ラック＆ピニオン式ステアリングの場合は，ピニオンギヤの回転に対するラックの移動量の比，および，ナックルアームの長さの影響を受けるが，ラックの移動量に対する車輪のキングピン軸回りの回転角の比をトータルして決まるものである。

2.1.3　パワーステアリング装置

　パワーステアリングは，ステアリング操作力を動力で補い，軽快かつ敏速な操舵を可能とするものである。動力としては油圧式，電動式がある。

(1) 油圧式

　次の3つの装置で構成される（図2-8）。

①動力装置

　エンジンまたは電動モーターで駆動されるオイルポンプ，流量調整のフローコントロールバルブ，最高油圧をコントロールするプレッシャーリリーフ・バルブ等により構成される。

②作動装置

　発生油圧をアシスト操舵の力に変える装置で，パワーシリンダーとパワー

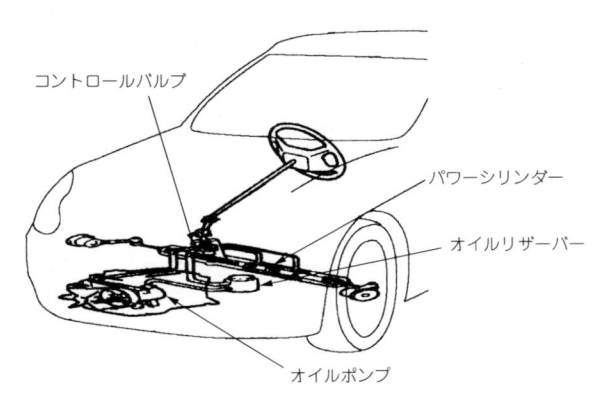

図 2-8　油圧式パワーステアリング

ピストン等により構成される。

③制御装置

ハンドルを操作することによって，コントロールバルブがオイルの通る方向の規制と圧力の制御を行い，パワーシリンダーの作動方向と倍力作用をコントロールする。

(2) **電動式**

電動式パワーステアリングには，電動モーターがステアリングを直接アシスト駆動する電動直結式と，オイルポンプを電動モーターで駆動して油圧を発生させる，電動油圧式がある（電動式と油圧式の中間のような形式である）。

ここでは電動直結式を説明する。この方式は，車速とハンドル操作力に応じてコントロールユニットにより，電動モーターへの電流を制御し，ステアリング系に直接，アシスト動力を加える。電動モーターの取り付け位置（すなわち，アシスト力の発生位置）により，コラムアシスト式（図 2-9），ラックアシスト式（図 2-10），およびピニオンアシスト式（図 2-11）等がある。

2.1.4　ホイールアライメント

ホイールアライメントは，フロントアライメント，および 4 輪アライメントを考慮する必要がある。最初に，フロント・ホイールアライメントについて説明する。前輪においては，転動と転向の 2 つの役割があるので，これら

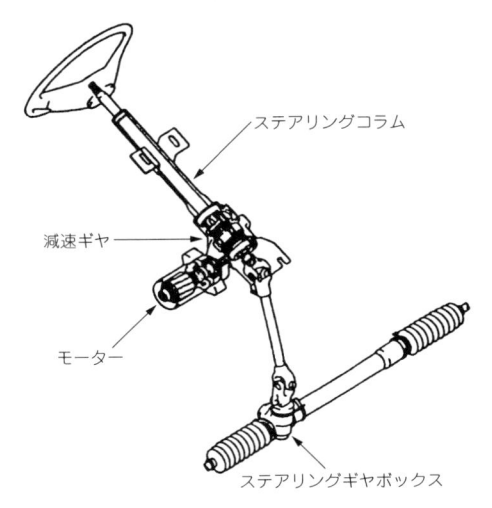

図 2-9　コラムアシスト式[1]

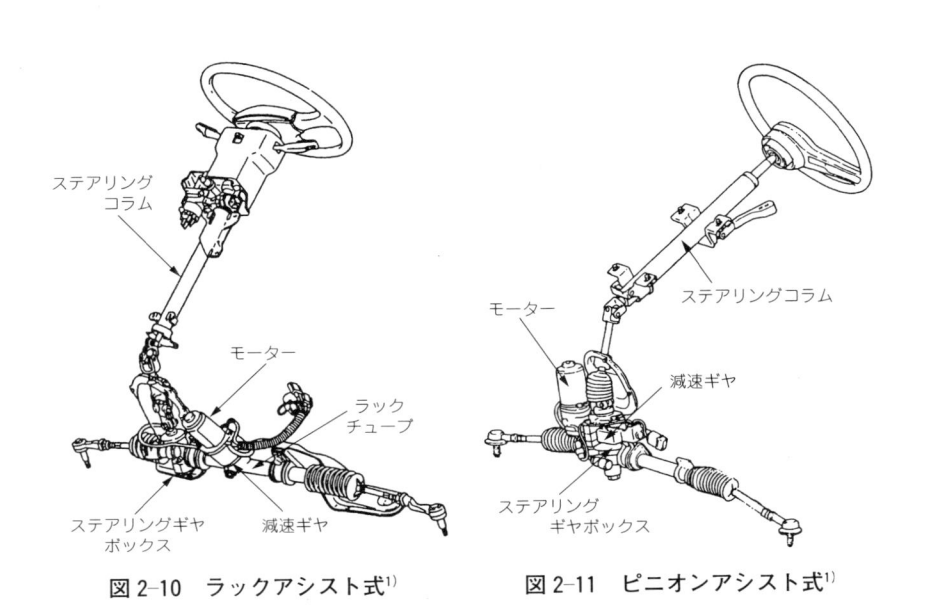

図 2-10　ラックアシスト式[1]

図 2-11　ピニオンアシスト式[1]

が，合理的かつ容易になるように車輪の取り付け姿勢が設定されており，これをフロント・ホイールアライメントという。また，4輪アライメントは，4輪のアライメントのバランスが狂うと，車体の斜め走行等の問題が発生するので，特に，アフターマーケットで重要視されるものである。

(1) **フロント・ホイールアライメント**

　フロント・ホイールアライメントは，キャンバー角，キングピン傾斜角，キャスター角，トーインの4つの要素からなっている。

①キャンバー角

　ポジティブキャンバー，ネガティブキャンバーの2種類がある。**図2-12**に示すように，キャンバー角が付いていると，キャンバースラストが発生する。旋回中を考えると，外輪のネガティブキャンバーは，コーナリングフォースを増加させる方向へ作用し，外輪のポジティブキャンバーは，コーナリングフォースを減少させる方向へ作用する。内外輪の荷重移動により，荷重の大きい外輪は車両の動きを大きく左右するので，コーナリング時の対地キャンバー角は，重要なファクターになっている。

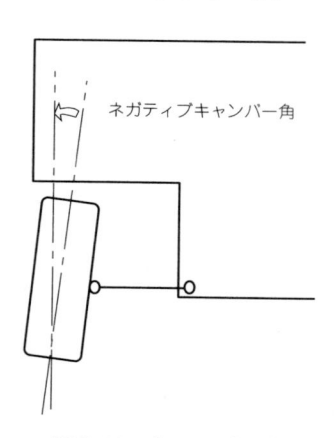

図 2-12　キャンバー角

②キングピン傾斜角

　図2-13に示すように，車両の前方から見て，前輪の回転軸である，キングピン軸と路面に対する鉛直線のなす角度のことである。キングピン中心線

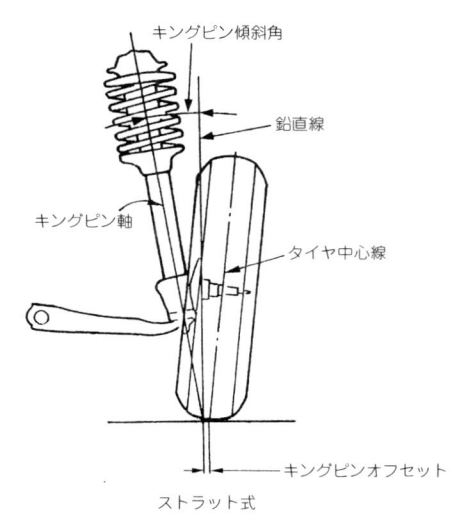

ステアリングとサスペンション装置

図 2-13 キングピン傾斜角

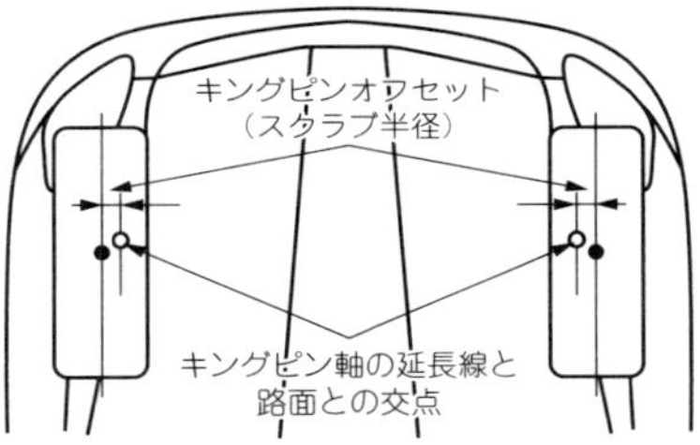

図 2-14 キングピンオフセット（スクラブ半径）

A＝直進時
B＝旋回時

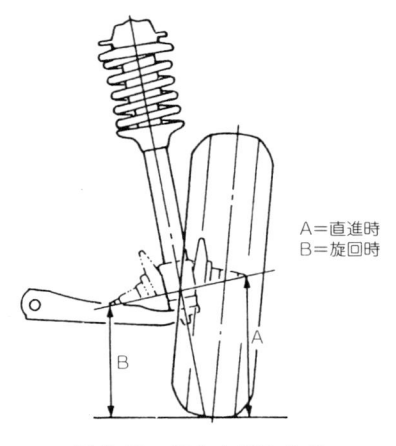

図 2-15 持ち上げトルク

の延長線が路面と交わる点とタイヤの接地中心との距離を，キングピンオフセット（スクラブ半径）という（図 2-14）。

また前車輪が，傾斜したキングピン軸回りに回転すると，前車輪は図 2-15 のように実舵角に応じて押し上げられ，位置エネルギーとして蓄えられる。

一方，ハンドルを離して直進状態に戻る時は，位置エネルギーは解放され，ハンドルを復元方向，すなわち直進状態に戻す方向に作用する。この作用力を，持ち上げトルクと呼んでいる。

キングピン傾斜角は，ステアリングの復元性，タイヤからのキックバックの緩和，ステアリング操作力等の面から，適度に付ける方向にある。

③キャスター角

図2-16に示すように，車両の側方から見て，前輪の回転軸である，キングピン軸と路面に対する鉛直線のなす角度のことである。また，キングピン軸の延長線路面に交わる点（キャスター点）とタイヤ接地中心間の距離を，キャスタートレールと呼ぶ。キャスター角は，直進性，ステアリングの復元力に影響し，そして，キャスター角を付けることで，キャスタートレールにより，タイヤの転がり抵抗をステアリングの復元方向に作用させることができる。

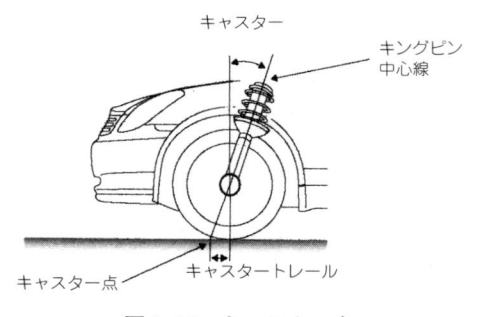

図 2-16　キャスター角

④トー角

図2-17に示すように，前輪を上方から見て，左右輪の前端の距離 A が後端の距離 B に比べ，小さくなっている場合をトーイン（$B-A$）と呼ぶ。逆の場合すなわち，$B<A$ の場合をトーアウトと呼ぶ。走行時に路面から作用する転がり抵抗等による，トーアウト方向への作用力が働くので，そのトーアウト化の防止に，トーインの役割がある。前輪はトーインは0に近いが，RB式のステアリング形式の場合におけるトーアウト化防止に，ややトーイ

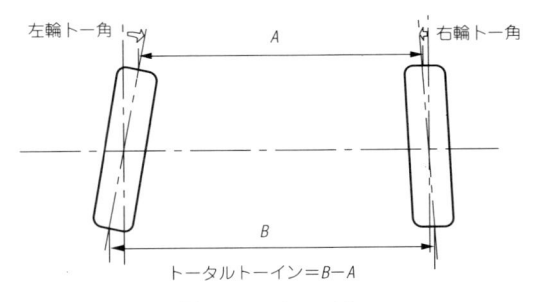

図 2-17 トーイン

ンに設定している傾向にある。後輪の場合は，コーナリング時に外輪のトーインはコーナリングフォースを高めるうえで有効なので，若干のトーインの設定が多い。

トー角は，各輪のトーの向きを示す。例えば，左右のトー角がトーイン方向に同量であった場合，トーイン量と1輪の諸量である，トー角との関係式は，次のようになる。

$$\text{トー角} = \tan^{-1}\left[\frac{\text{トーイン量}(B-A)}{2} \Big/ \text{タイヤ外径}\right] \quad \cdots\cdots\cdots\cdots (2.1)$$

(2) 4輪アライメント

後輪の左右の個別トー角に差がある場合，前輪のトーイン調整を行っても，車両は図2-18のように，スラストラインに沿って進むため，斜め走行となってしまう。したがってアライメントは，まず後輪をきちんと合わせ，それから，前輪のアライメントを合わせる必要がある。

2.2 サスペンション装置

2.2.1 サスペンション装置の役割

サスペンションの役割は，①乗り心地や振動・騒音の関わる部分，②車輪に加わる駆動力，制動力，横力を反力として受け，車体に伝える部分，③車両の運動性能に関わる部分等がある。

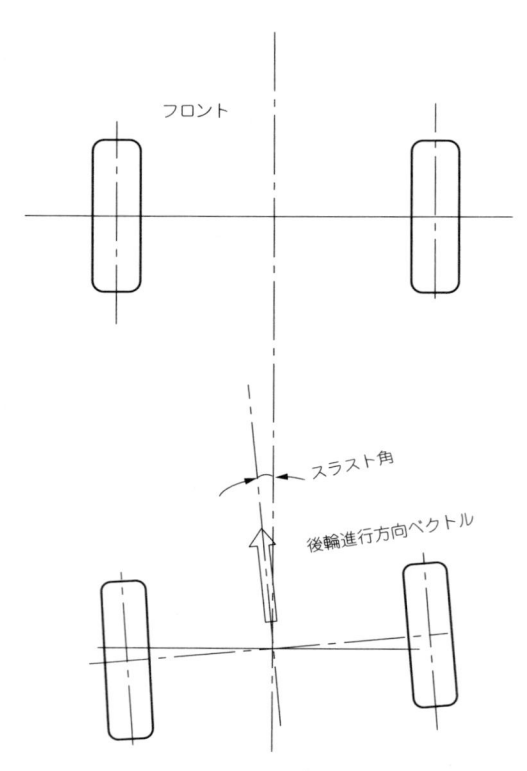

図中ラベル: フロント、スラスト角、後輪進行方向ベクトル

図 2-18　4輪アライメント

2.2.2　サスペンションの種類と構造

　最初に，車軸懸架式と，独立懸架式の構造上の違いと特徴を簡単に説明する。
　サスペンションの種類と構造を，次に示す。

(1) **車軸懸架式**

　図 2-19 に示すように，車輪を1本の車軸で結んだ形式である。構造が簡単で，保守も容易である。コーナリング時に，地面に対し，車輪のキャンバー角の変化が生じにくいという利点はあるものの，片輪が突起を乗り越すと，他の車輪も同様に影響を受けてしまい，キャンバー変化を生じてしまうという不都合もある。

サスペンション装置

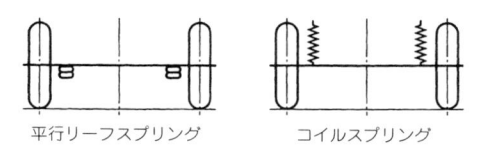

図 2-19　車軸懸架（リジットアクスル）

4, 5リンク式，トーションビーム式等がある。

①4, 5リンク式

5リンク式サスペンションは，図2-20に示すようにコイルスプリング式で，アッパーリンク，ロアーリンクにて，前後力を主に受け，パナールロッドで横力を主に受けている。構造が簡単というメリットがある。

4リンク式サスペンションは，パナールロッドがないタイプで，5リンク式に比べ，横揺れ，直進安定性等の面で劣っている。

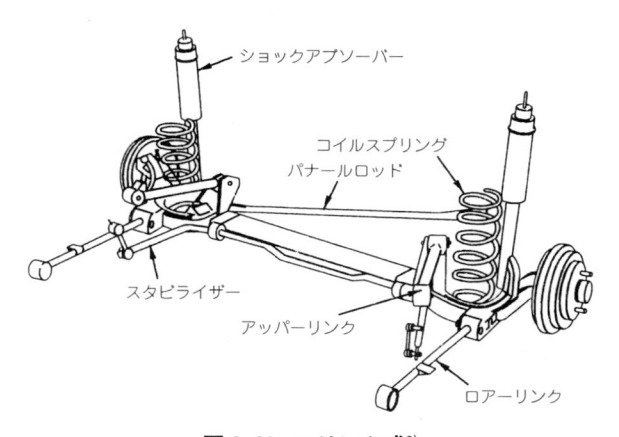

図 2-20　5リンク式[3]

②トーションビーム式

この形式は，FF車のリヤサスペンションとして用いられている。図2-21のような形式を採っており，左右輪が同相で動く時は，アクスルが捩られず，一体で動くが，コーナリング時のように，左右輪が逆相に動く場合は，アクスルビームが捩られ，適度なロール剛性を得ることができる構造となっている。

25

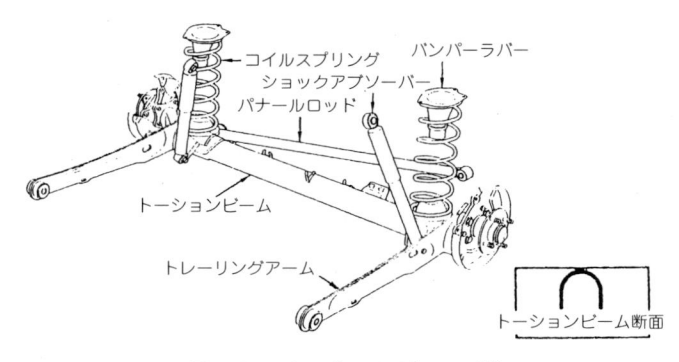

図 2-21　トーションビーム式[3]

構造が簡単で，スペースユーティリティーに優れている。トランクルームは十分なスペースが確保できる。また，コーナリング時の対地キャンバーは変化が少なく，安定したグリップが確保できる。

(2) 独立懸架

図 2-22 に示すように，アクスルを左右に分割して，左右独立に動けるようにしたものである。車軸懸架式と異なり，左右輪の連動がないので，独立したコントロールが可能である。ストラット式，ダブルウィッシュボーン式等がある。

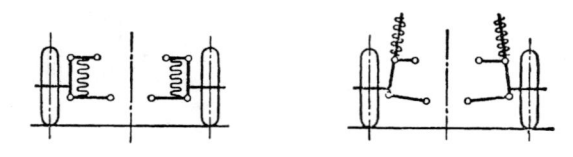

図 2-22　独立懸架

① ストラット式

このサスペンション形式は，だいぶ以前から用いられている形式である（図 2-23）。スペース効率が良いので，スペース上の制約の大きいフロントサスペンションに，あるいは FF 車において小型の割に広いトランクルームなどを確保する，後席の居住空間をゆったりと確保する，等の目的で用いられている。

また，シンプルだがハブ部分などを含め一体形式なので，ブッシュ類の数

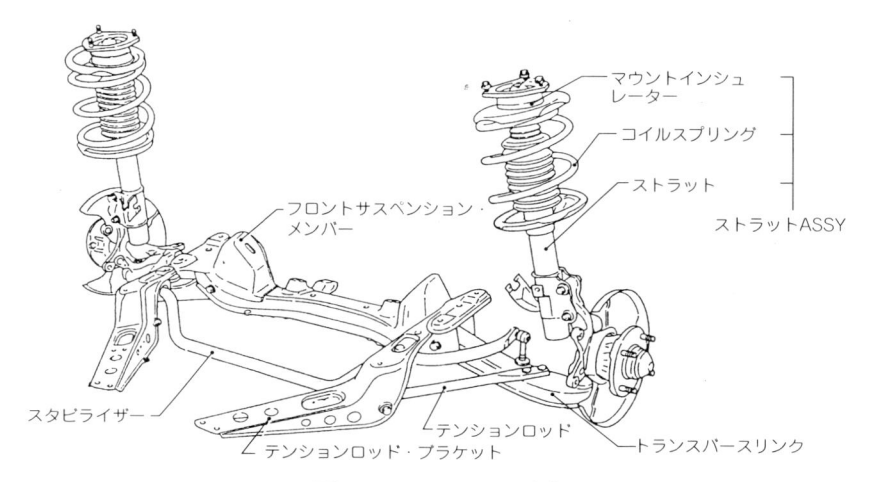

図 2-23　ストラット式[3)]

も少なくて済み，さらにはサスペンションの横剛性も大きく取れるというメリットがある。

　デメリットは，一体形式のため，ストラットに対するホイール面の角度が常に一定になってしまう点である。したがって，ローリング時には車体のロールに伴ってホイール面もロールしてしまい，対地的にはポジティブキャンバー角となり，特に重要な外輪のグリップにおいて，主にタイヤの外側面でグリップ力を得るという形式になってしまう。つまり，タイヤの内側面のグリップを有効に生かしきれないという難点もある。

② ダブルウィッシュボーン式

　図 2-24 に示す形式である。すなわち，上下にコントロールアームあるいは，リンクを有し，キャンバー変化等のジオメトリーを自在に設定できる利点がある。

　アッパーアームとロアーアームのなす角を適正にすると，コーナリング時でも対地キャンバー角は，あまりポジティブ方向にならないようにコントロールできる。

(3) スプリング

　スプリングは，車体の荷重を支えるとともに，タイヤを通じて路面から受

第2章 操縦性・安定性

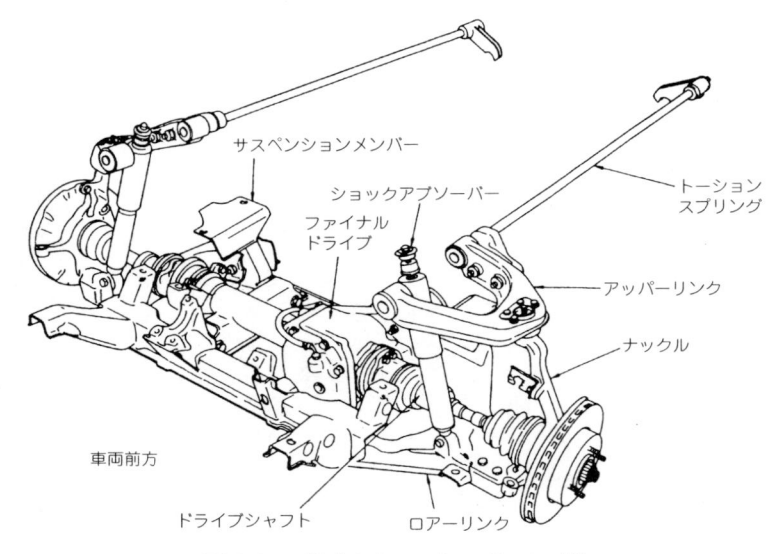

図2-24 ダブルウィッシュボーン式[3]

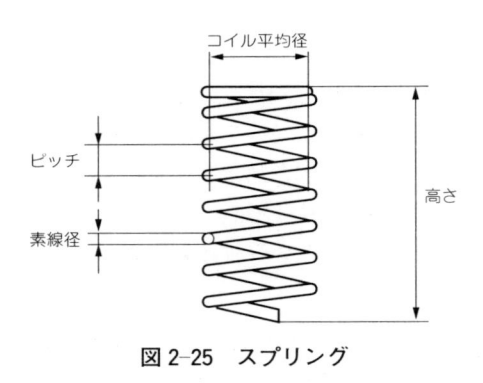

図2-25 スプリング

ける上下振動を，緩和させる働きをしている（**図2-25**）。

スプリングには，鋼板の弾性を利用したリーフスプリング，そしてコイルスプリング，捩り弾性を利用したトーションスプリング，さらには，空気の弾性を利用したエアースプリング，ゴムスプリング等がある。

(4) ショックアブソーバー

ショックアブソーバーは車体の上下振動のエネルギーを吸収することによ

サスペンション装置

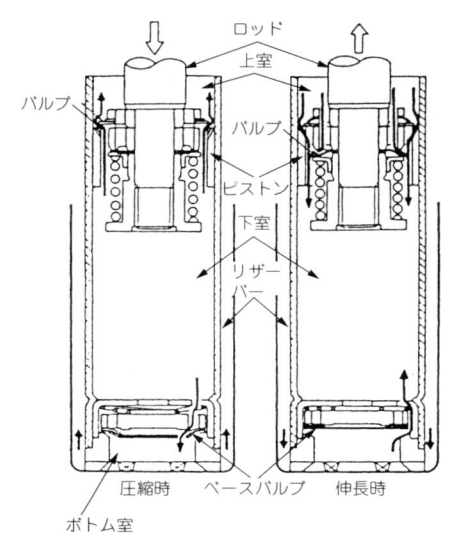

複動式（ツインチューブ式）ショックアブソーバー

図 2-26　ショックアブソーバー

って，減衰させ，自動車の乗り心地を向上させたり，また，車輪等のばね下振動を抑制して，不整路における車両の運動性能を向上させている。

　図 2-26 は原理図で，シリンダーとピストンからなり，シリンダー内には鉱物性の油が封入されている。このシリンダーとピストンをそれぞれ，ばね上およびばね下部分に連絡しておけば，ばねの動きに伴い，ピストンがシリンダー内を上下動する。ピストンには，油が通過する小穴（オリフィス）が設けられ，かつこれを開閉する自動弁がついている。図 2-26 に示すように，伸長時，圧縮時，どちらも制振作用をしている。またこのオリフィスの径を，伸長時，圧縮時で変えることにより，伸長時，圧縮時の減衰力の割合を変化させることが行われている。

(5) **スタビライザー**

　スタビライザーは，車体がロールした時に発生する左右輪のストローク差に応じ，ばね作用を生じるものであり，補助ばねとして用いている。ばねと異なり，左右輪が同相で動く時は作用しないので，上下ばねをあまり強くさ

第 2 章　操縦性・安定性

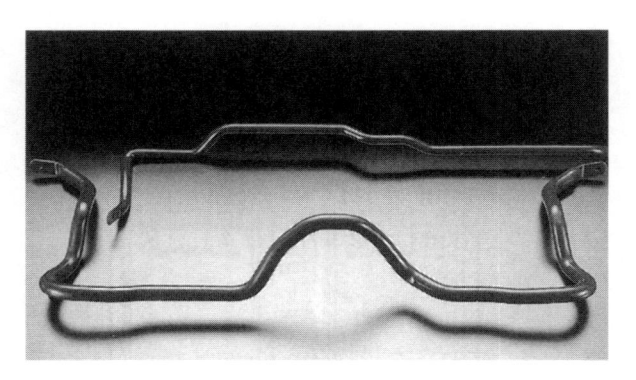

図 2–27　スタビライザー

せずに（乗り心地をあまり悪化させずに），ロール剛性を高めることができる（図 2–27）。

2.3　操縦性・安定性の評価

2.3.1　旋回特性

　自動車の操縦性・安定性を論ずる時には，必ず，アンダーステア（以下 U. S. と略す），オーバーステア（以下 O. S. と略す）という言葉が出る。O. S. は，旋回などの時，舵が切れ過ぎる感じのものをいい，U. S. は，これとは，反対に舵が切れたりない感じの性質をいう。その試験方法としては，定常円旋回で，ハンドルを固定したまま，ごく低速から静かに速度を増していくと，

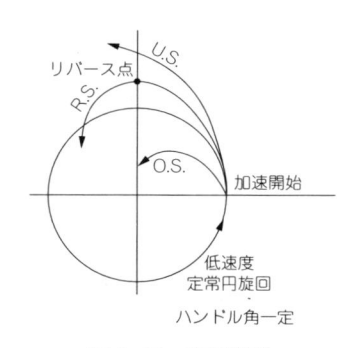

図 2–28　旋回特性

高速になるにつれて図2-28に示すように半径が次第に小さくなるものはO. S., 半径が次第に大きくなるものはU. S., 半径が変わらないものはN. S., 半径が大から小へ，また逆に変わるものをリバースステア（R. S.）と判定できる。

　もう1つの試験方法として，旋回半径を一定として，車速を高めていき，ハンドル角の変化で行う方法がある。N. S.の場合は，ハンドル角は変わらないが，U. S.の場合は，ハンドル角を次第に増大してやる必要が生じてくる。O. S.の場合は，ハンドル角を次第に減少してやる必要が生じてくる。

　また旋回時のファイナル挙動には，スピン，ドリフトアウトがある（図2-29）。

(a) スピン　　　　　　　(b) ドリフトアウト

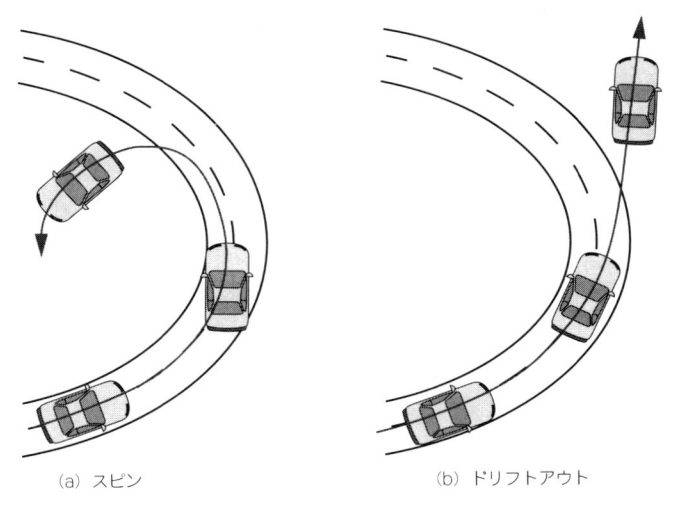

図2-29　ファイナル挙動

　スピンは，高い横加速度領域で，後輪がグリップを失うことによって生じるもので，図2-29のように，車が内側に急激に巻き込まれる危険な現象である。一方ドリフトアウトは，前輪がグリップを失い，舵が効かなくなり，車が前方に突き進んでしまう現象である。また時には，4輪ドリフト状態になることもある。

2.3.2 走行実験による評価

走行試験には，表 2-1 のように種々の例がある。

表 2-1　走行試験の種類

	試験方法	試験例
実走行試験	オープンループ試験	周波数応答試験，ステップ応答試験，旋回性試験，手放し安定性試験，横風安定性試験
	クローズドループ試験	レーンチェンジ試験，スラローム試験，直進安定性試験，横風安定性試験
ドライビングシミュレーターによる試験	主に人間〜自動車系のクローズドループ試験に多く用いられる。	

(1) オープンループ試験

周期的操舵，あるいはステップ操舵等，あらかじめ決められた操舵パターンを加えた時の車両の応答特性で評価する方式である。

①周波数応答試験

車速一定でハンドル角（操舵角）を，例えば±10〜30度で周期的操舵（0〜4 Hz 程度）を加え，その時の車両のヨー角速度，横加速度等のハンドル角に対するゲイン，位相特性で評価する。

図 2-30 はその例を示す。ヨー角速度の周波数応答特性においては，ヨー共振周波数を示しており，このヨー共振周波数が高いほど速応性が良いことを示している。また操舵角に対する，ヨー角速度，横加速度の位相より，応

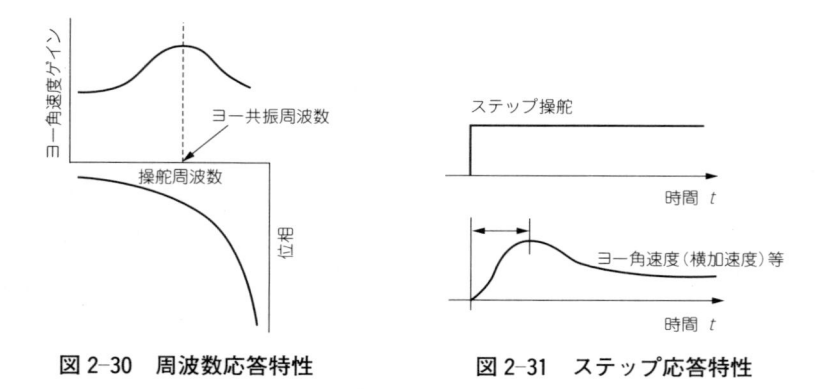

図 2-30　周波数応答特性　　　　図 2-31　ステップ応答特性

答の遅れを知ることができる。
② ステップ応答試験
　直進状態からステップ操舵を加えた時の，ヨー角速度，横加速度等のピークに達する時間などで，応答性を知ることができる（図 2-31）。
③ 旋回性試験
　2.3.1 項に示すような試験方法である。
(2) **クローズドループ試験**
　決められたコースを，ドライバーが操舵コントロールを行って走行するような試験を示す。したがって，ドライバーにより評価結果が異なってくるので，パネラーを設定して評価を行う試験方法である。例えば，（ダブル）レーンチェンジ試験（図 2-32），パイロンスラローム試験（図 2-33）等がその実例となる。

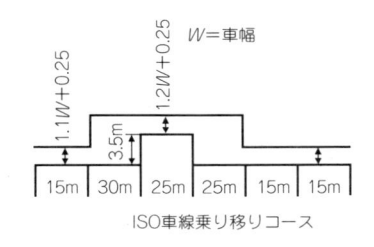

図 2-32　ダブルレーンチェンジ試験

図 2-33　パイロンスラローム試験

(3) **ドライビングシミュレーター（DS）による評価**
　バーチャルリアリティーである，ドライビングシミュレーター（以降 DS と称す）を用いて評価を行う方式である。DS の形式としては，ディスプレー上の景色変化をフィードバックして操舵コントロールを行う，ビジュアルフィードバック・タイプの DS（図 2-34）と，車両の動きをリンクモーションで発生させる装置を加えた，ビジュアル＋モーションフィードバック・タ

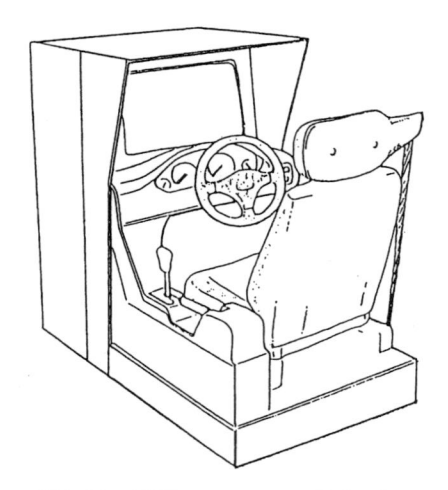

図2-34　ビジュアルフィードバック・タイプのDS

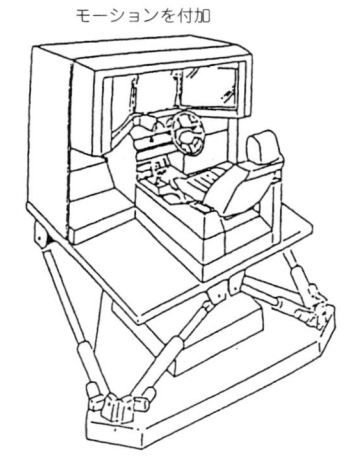

図2-35　ビジュアル＋モーションフィードバック・タイプのDS

図2-36　ビジュアル＋本格的モーションフィードバック・タイプのDS

イプのDS（図2-35）がある。さらには，前後，横方向に操縦室自体が動く機構を加えた，本格的モーション発生装置を加えたタイプ（図2-36）もある。

2.4 操縦性・安定性の力学

2.4.1 基礎方程式

(1) 座標系

　座標系には，車体固定座標系と路面固定座標系がある。水平面内の車両の運動を考えてみると，地面に固定した座標に対しては，車両の前後方向，左右方向が刻々と変わるのに対して，車両側から見れば，車両がどの方向を向いていても運動の拘束条件は，基本的に同じである。このため，車両の運動を地上に固定した直角座標系で記述するよりも，車両に固定した座標系で記述した方が便利である。地面に固定した座標系による車両運動の記述は，車体固定座標系の場合に比べ，表現が複雑になる。ただし，レーンからのズレ等を見る時のように，地面に固定した座標系が便利な場合もある。

　以上の観点から，車体固定座標系を以降使用して説明する。

　車体固定座標系による横加速度の式は，次のような関係から求められる。

　図2-37において，車体スリップ角 β が小さければ，P点は，車両の進行方向に直角で，大きさが $V(\dot{\beta}+r)$ の加速度を持つと見なしてよいことになる。$V \cdot r$ は，自動車座標自体が回転しているために生じる項である。また，β が小さければ，車両の進行方向に直角な方向と車両の横方向（y 方向）がほぼ一致すると見なしてよいから，y 方向に，$V(\dot{\beta}+r)$ の加速度を持つと見なすことができる。

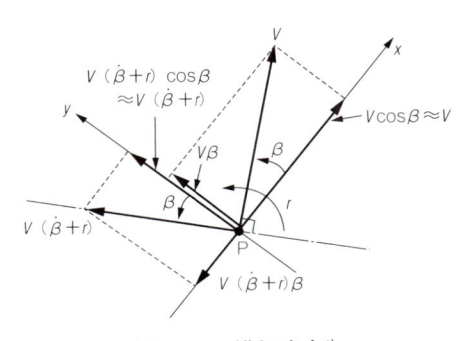

図 2-37　横加速度[4]

(2) 2自由度モデル

2自由度モデルは，車両の運動モデルの最もシンプルなものである。多自由度モデルを用いると，運動の連性があるため，個別のパラメーターの影響をクリアに解析することが逆に難しくなる。そこで従来より，4WS等の解析をはじめとして，多くの場合で，この2自由度モデルが解析に用いられている。

座標系は，図2-38に示すような車両固定座標系を用いると，一定速度で旋回している場合は，2.2.3項にて紹介しているように，左右方向の運動と，重心回りのヨーイング運動の，2自由度の運動モデルで考えることができる。

2自由度の車両の運動方程式は，下式となる。

$$m\alpha_y = \sum_{i=1}^{4} F_{iy} \quad \cdots\cdots\cdots\cdots\cdots\cdots\cdots\cdots\cdots\cdots\cdots\cdots\cdots\cdots\cdots\cdots\cdots (2.2)$$

$$I_Z \dot{r} = a(F_{1y} + F_{2y}) - b(F_{3y} + F_{4y}) \quad \cdots\cdots\cdots\cdots\cdots\cdots\cdots (2.3)$$

ここで，m：車両質量，α_y：横加速度，
　　　　F_{iy}：タイヤ接地面に働くy方向の力，
　　　　I_Z：車両のヨー慣性モーメント，$\dot{r}$：ヨー角加速度，
　　　　a, b：重心〜前・後軸点間距離

左右輪のタイヤのスリップ角が等しいと仮定すると，前後輪のタイヤスリ

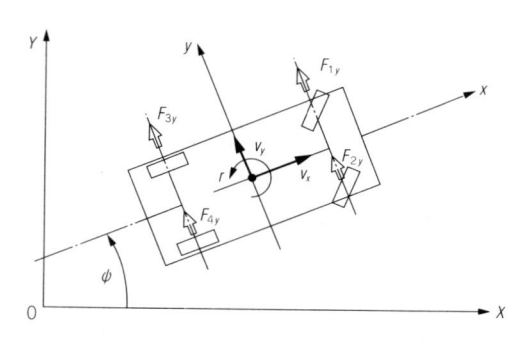

図2-38　車両固定座標系の2自由度車両運動モデル

ップ角をそれぞれ β_f, β_r とすれば，舵角 δ_f から，各車輪位置の車体横滑り角 β_f', β_r' を引いて求めることができる．

$$\beta_f = \delta_f - \beta_f' \quad \text{ただし，} \quad \beta_f' = \beta + ar/\dot{x} \quad \cdots\cdots (2.4)$$

$$\beta_r = -\beta_r' \quad \text{ただし，} \quad \beta_r' = \beta - br/\dot{x} \quad \cdots\cdots (2.5)$$

ここで，β_f, β_r：前・後輪のタイヤスリップ角，β：重心点の横滑り角
重心点の前後速度，横速度 $\dot{x}$, $\dot{y}$ を用いて表すと次のようになる．

$$\beta_f = \delta_f - \tan^{-1}\{(\dot{y} + ar)/\dot{x}\} \quad \cdots\cdots (2.6)$$

$$\beta_r = -\tan^{-1}\{(\dot{y} - br)/\dot{x}\} \quad \cdots\cdots (2.7)$$

ここで，δ_f：前輪実舵角，$\dot{x}$, $\dot{y}$：重心点の前後速度，横速度
車両は，横方向に比べ十分大きな一定速度 V で前後方向に走行しており，また，実舵角やヨー角速度も十分に小さいと仮定すると，

$$\dot{x} = V \quad \cdots\cdots (2.8)$$

$$\dot{y} = V\beta \quad \cdots\cdots (2.9)$$

（ここで，V：車速）
と置き換えることができ，前後輪のタイヤの横滑り角は左右に差がないと考えることができる．

$$\beta_f = \delta_f - \beta - ar/V \quad \cdots\cdots (2.10)$$

$$\beta_r = -\beta + br/V \quad \cdots\cdots (2.11)$$

上式を用いると，式(2.2)，式(2.3)で車両の運動の横方向における並進運動とヨーイングの運動方程式は，次のようになる．

$$mV(\dot{\beta} + r) = 2K_f(\delta_f - \beta - ar/V) + 2K_r(-\beta + br/V) \quad \cdots\cdots (2.12)$$

$$I\dot{r} = 2aK_f(\delta_f - \beta - ar/V) - 2bK_r(-\beta + br/V) \quad \cdots\cdots\cdots\cdots (2.13)$$

ここで，K_f, K_r：前・後輪タイヤ・コーナリングパワー
　　　　　$\dot{\beta}$：重心点の横滑り角速度
これを，整理すると，次のようになる。

$$mV\dot{\beta} + 2(K_f + K_r)\beta + \left\{mV + \frac{2}{V}(aK_f - bK_r)\right\}r = 2K_f\delta_f \quad \cdots\cdots (2.14)$$

$$2(aK_f - bK_r)\beta + I\dot{r} + \frac{2(a^2K_f + b^2K_r)}{V}r = 2aK_f\delta_f \quad \cdots\cdots\cdots\cdots (2.15)$$

ここで，r：ヨー角速度

2.4.2　定常円旋回の解析
(1) **アンダーステアとオーバーステア特性**

　アンダーステアとオーバーステア特性を，前後タイヤスリップ角の大小と旋回中心の関係より説明する。

　車両がある速度で旋回している場合，その旋回中心は，後車軸延長線より前方にあり，その移動量は，前輪と後輪のスリップ角 β_f, β_r に関係する。**図2-39** に前輪および後輪の横滑り角の大小（β_r を一定として，β_f が変化している）と旋回中心の関係を示す。**図2-39** の(a)は，$\beta_f = \beta_r$ の場合で，この時の中心 O'_n は車速がきわめて低い時の旋回中心の前方で，前後軸にほぼ平行に移動する。したがって，車速が高くなっても，低速時と同じハンドル操作をすればよいことになる。この状態をニュートラルステアと呼ぶ。また**図2-39** の(b)は，$\beta_f > \beta_r$ の場合で，この時の中心 O'_n は車速がきわめて低い時の旋回中心の右前方にある。したがって，低速時と同じ旋回半径にするには，操舵を切り増しする必要がある。この状態をアンダーステアと呼ぶ。さらに**図2-39** の(c)は，$\beta_f < \beta_r$ の場合で，この時の中心 O'_n は車速がきわめて低い時の旋回中心の左前方にある。したがって，低速時と同じ旋回半径にするには，操舵を切り戻しする必要がある。この状態をオーバーステアと呼ぶ。

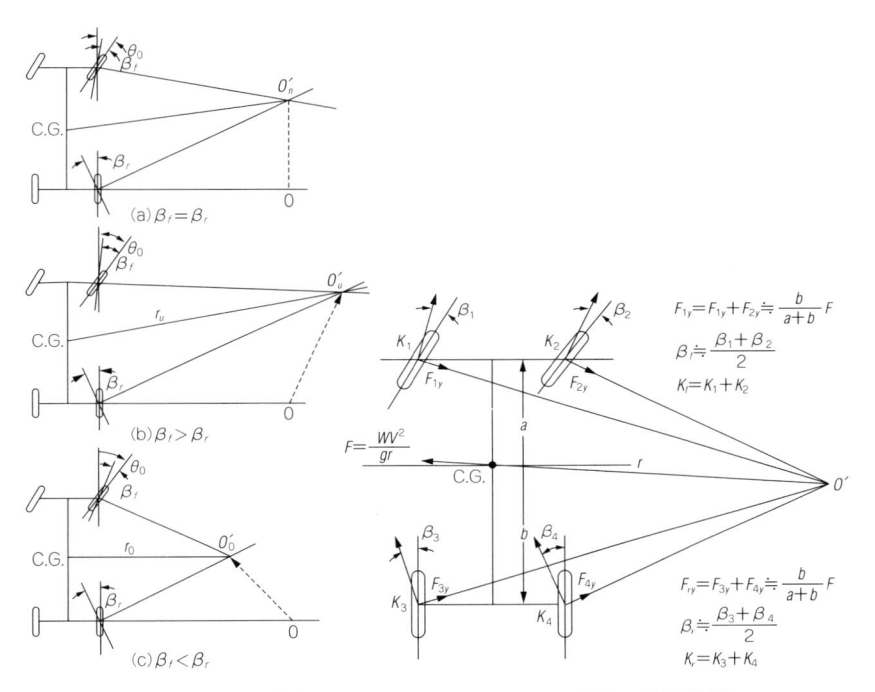

図 2-39 US-OS 特性

図 2-40 車両の旋回状態

こうした関係は，β_f を一定として，β_r が変化しても同じで β_f と β_r の大小関係が問題となる。

図 2-40 は，速度 V で旋回している車両を示す。車両の重心点には F が作用し，その反力は，前後輪の横向力 F_{fy} と F_{ry} に分けられる。K_f，K_r を前後輪のコーナリングパワーとすると，

$$F_{fy} = K_f \cdot \beta_f, \qquad F_{ry} = K_r \cdot \beta_r \quad \cdots\cdots (2.16)$$

$$F_{fy} = b/(a+b) \cdot F, \qquad F_{ry} = a/(a+b) \cdot F \quad \cdots\cdots (2.17)$$

$$\frac{\beta_f}{\beta_r} = \frac{F_{fy}/K_f}{F_{ry}/K_r} = \frac{K_r}{K_f} = \frac{bF/(a+b)}{aF/(a+b)} = \frac{K_r}{K_f} = \frac{b}{a} \quad \cdots\cdots (2.18)$$

β_f,β_r の大小関係は，$K_r b$ と $K_f a$ との大小関係と同じである。使用するタイヤのコーナリングパワー特性と車両の重心位置により決定する。すなわち，$K_r b = K_f a$ ならばニュートラルステア，$K_r b > K_f a$ ならばアンダーステア，$K_r b < K_f a$ ならばオーバーステアということになる。

また，定常円旋回試験によりステア特性を計測できる。次の2通りの計測手法がある。ステア特性は，アンダーステア（U.S.），オーバーステア（O.S.）の度合いを定量的に示す指数であり，スタビリティーファクター K で表現される。

①極低速で，ハンドル舵角（操舵角）を初期旋回半径 R_0 に合わせて徐々に緩加速し，旋回半径の膨らみ具合で求める方法（**図 2-41** 参照）

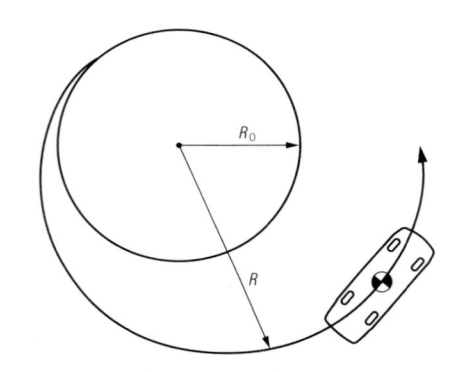

図 2-41　ハンドル固定，緩加速による試験方法

アンダーステアの車両は，求心加速度の増加に伴い，旋回半径が大きくなっていく。一方オーバーステアの車両は，求心加速度の増加に伴い，旋回半径が小さくなっていく。またニュートラルステアは，求心加速度が増加しても旋回半径が変わらない特性を示す。

旋回半径比 $R/R_0 = 1 + KV^2$

したがって，

$$K = \frac{R/R_0 - 1}{V^2} \quad \cdots\cdots\cdots\cdots\cdots\cdots\cdots\cdots\cdots\cdots\cdots\cdots\cdots\cdots\cdots\cdots\cdots (2.19)$$

前式において，K：スタビリティーファクター（U.S.–O.S. を示す指数。
詳細については，次項を参照のこと）
V：車速
R_0：初期旋回半径
R：緩加速時の旋回半径

② 旋回半径 R を一定として緩加速を行い，半径 R ラインをトレースするように車両を維持した場合の，ハンドル角（操舵角）の切り増し量の変化で求める方法（**図 2-42** 参照）

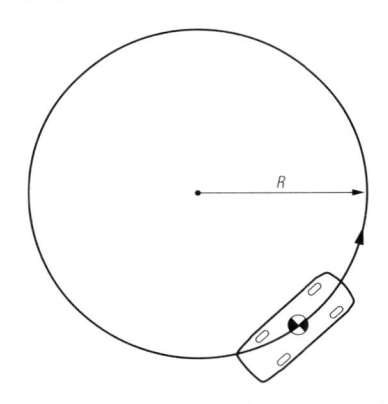

図 2-42　旋回半径 R 一定，緩加速による試験方法

アンダーステアの車両は，求心加速度の増加に伴い，ハンドル角の切り増し量が大きくなっていく。一方オーバーステアの車両は，求心加速度の増加に伴い，ハンドル角（操舵角）を切り戻す方向にする必要性が生じる。またニュートラルステアは，求心加速度が増加してもハンドル角（操舵角）の切り増し，切り戻しの必要性が生じない特性を示す。

操舵角比 $\delta_H/\delta_{H0} = 1 + KV^2$

したがって，

$$K = \frac{\delta_H/\delta_{H0} - 1}{V^2} \quad \cdots\cdots\cdots\cdots\cdots\cdots\cdots\cdots\cdots\cdots\cdots (2.20)$$

前式において，V：車速
δ_{H0}：初期操舵角
δ_H：緩加速時に切り増し時の操舵角

(2) **スタビリティーファクター**

スタビリティーファクター（K）とは，その正負が，車両のステア特性を支配するものであり，車両の定常円旋回の速度による変化の大きさを示す指数となる重要な量である．特に，車両の定常円旋回は，K を係数として，V の 2 乗に比例して変化することが重要である．このため，K を US/OS gradient と呼ぶこともある．

一般の乗用車は，タイヤの線形領域におけるスタビリティーファクター K は，$0.001 \sim 0.003 \, \mathrm{s^2/m^2}$ 程度の弱アンダーステアに設定されている．具体的には 2.3.4 項で示す，コンプライアンスステア，ロールステア，ロールに伴うキャンバー変化，重心位置（前側だとアンダーステア傾向）により，弱 U. S. 化されている．

式(2.12)，式(2.13)を用いて，定常円旋回を記述すると，次のようになる．

$$2(K_f + K_r)\beta + \left\{mV + \frac{2}{V}(aK_f - bK_r)\right\}r = 2K_f\delta_f \quad \cdots\cdots (2.21)$$

$$2(aK_f - bK_r)\beta + \frac{2(a^2 K_f + b^2 K_r)}{V}r = 2aK_f\delta_f \quad \cdots\cdots (2.22)$$

旋回半径 R は，次のようになる．

$$R = (1 + KV^2)\frac{l}{\delta_f} \quad \cdots\cdots (2.23)$$

ここで，K：スタビリティーファクター，R：旋回半径，l：ホイールベース
旋回半径を一定とすれば，次のようになる．

$$\delta_f = (1 + KV^2)\left(\frac{l}{R}\right) \quad \cdots\cdots (2.24)$$

ここで，スタビリティーファクター K は，次式としている。

$$K = -\frac{m}{2l^2}\frac{aK_f - bK_r}{K_f K_r} \quad \cdots\cdots\cdots\cdots\cdots\cdots\cdots\cdots\cdots\cdots\cdots\cdots (2.25)$$

K の値が正の時をアンダーステア，0 の時をニュートラルステア，負の時をオーバーステアと呼ぶ。

車両がオーバーステア特性の場合，車速が臨界速度 V_C 以上で円旋回は不可能となる。

$$V_C = \sqrt{-\frac{1}{K}} \quad \cdots\cdots\cdots\cdots\cdots\cdots\cdots\cdots\cdots\cdots\cdots\cdots\cdots\cdots\cdots\cdots (2.26)$$

ここで，V_C：臨界速度

また，定常円旋回時の車両のステア特性は，次のように定義できる。

$\beta_f > \beta_r$ の時，アンダーステア

$$\text{すなわち，} R > \frac{l}{\delta_f}, \text{ または，} \delta_f > \frac{l}{R}$$

$\beta_f = \beta_r$ の時，ニュートラルステア

$$\text{すなわち，} R = \frac{l}{\delta_f}, \text{ または，} \delta_f = \frac{l}{R}$$

$\beta_f < \beta_r$ の時，オーバーステア

$$\text{すなわち，} R < \frac{l}{\delta_f}, \text{ または，} \delta_f < \frac{l}{R}$$

2.4.3 操舵による過渡応答

式(2.12)，式(2.13)をラプラス変換して，操舵に対する車両の応答の特性方程式を求めると，次のようになる。

$$s^2 + \frac{2m(a^2 K_f + b^2 K_r) + 2I_z(K_f + K_r)}{mI_z V}s + \frac{4K_f K_r l^2}{mlV^2} - \frac{2(aK_f - bK_r)}{I_z} = 0$$

$$\cdots\cdots\cdots\cdots (2.27)$$

これは，次のように，表すことができる．

$$s^2 + 2\zeta\omega_n s + \omega_n^2 = 0 \quad\cdots\cdots\cdots\cdots\cdots\cdots\cdots\cdots\cdots\cdots\cdots (2.28)$$

ここで，

$$\omega_n = \frac{2l}{V}\sqrt{\frac{K_f K_r}{mI_z}}\sqrt{1+KV^2} \quad\cdots\cdots\cdots\cdots\cdots\cdots\cdots\cdots (2.29)$$

$$\zeta = \frac{m(a^2 K_f + b^2 K_r) + I_z(K_f + K_r)}{2l\sqrt{mI_z K_f K_r(1+KV^2)}} \quad\cdots\cdots\cdots\cdots\cdots\cdots (2.30)$$

ω_n と ζ はそれぞれ，車両の応答の固有振動数と減衰比を示している．

アンダーステアが強いと，高速時の固有振動数 ω_n は比較的大きくて好ましい方向ではあるが，あまり強過ぎると，高速時の減衰比 ζ が比較的小さくなり，ヨー運動のダンピングが悪化する．

また，操舵に対する車両の横加速度，横滑り角，ヨー角速度の応答の伝達関数を求めると次のようになる．

$$\frac{\alpha_y(s)}{\delta_f(s)} = G_\delta^{\ddot{y}}(0)\frac{1+T_{y1}s+T_{y2}s^2}{1+\dfrac{2\zeta s}{\omega_n}+\dfrac{s^2}{\omega_n^2}} \quad\cdots\cdots\cdots\cdots\cdots\cdots (2.31)$$

$$\frac{\beta(s)}{\delta_f(s)} = G_\delta^{\beta}(0)\frac{1+T_\beta s}{1+\dfrac{2\zeta s}{\omega_n}+\dfrac{s^2}{\omega_n^2}} \quad\cdots\cdots\cdots\cdots\cdots\cdots (2.32)$$

$$\frac{r(s)}{\delta_f(s)} = G_\delta^{r}(0)\frac{1+T_{yr}s}{1+\dfrac{2\zeta s}{\omega_n}+\dfrac{s^2}{\omega_n^2}} \quad\cdots\cdots\cdots\cdots\cdots\cdots (2.33)$$

ただし

$$G_\delta^{\ddot{y}}(0) = \frac{1}{1+KV^2}\frac{V^2}{l} = VG_\delta^{r}(0) \quad\cdots\cdots\cdots\cdots\cdots\cdots\cdots\cdots\cdots\cdots\cdots (2.34)$$

$$T_{y1} = \frac{b}{V} \quad\cdots\cdots\cdots\cdots\cdots\cdots\cdots\cdots\cdots\cdots\cdots\cdots\cdots\cdots\cdots\cdots\cdots\cdots\cdots (2.35)$$

$$T_{y2} = \frac{I_z}{2lK_r} \quad\cdots\cdots\cdots\cdots\cdots\cdots\cdots\cdots\cdots\cdots\cdots\cdots\cdots\cdots\cdots\cdots\cdots (2.36)$$

$$G_\delta^{\beta}(0) = \frac{1 - \dfrac{m}{2l}\dfrac{a}{bK_r}}{1+KV^2}\dfrac{b}{l} \quad\cdots\cdots\cdots\cdots\cdots\cdots\cdots\cdots\cdots\cdots (2.37)$$

$$T_\beta = \frac{I_z V}{2lbK_r}\frac{1}{1-\dfrac{m}{2l}\dfrac{a}{bK_r}V^2} \quad\cdots\cdots\cdots\cdots\cdots\cdots\cdots (2.38)$$

$$T_{yR} = \frac{maV}{2lK_r} \quad\cdots\cdots\cdots\cdots\cdots\cdots\cdots\cdots\cdots\cdots\cdots\cdots\cdots\cdots\cdots (2.39)$$

である。

これらの式から，周期的操舵に対する応答特性を求めることができる。例えば，図2-43のような応答特性が得られる。

2.4.4　車体のロール運動

(1) ロールセンターとロール軸，そしてジャッキアップの関係

車両は，旋回中にはヨー運動のほかに，ロール運動も発生する。ロール運動は，懸架装置に従って前後輪位置でのロールセンターが決まる。その前後輪位置でのロールセンターを結ぶ線が，ロール軸となる（図2-44）。ロール角が大きくない範囲では，ロールセンターは固定として，近似的に考えるこ

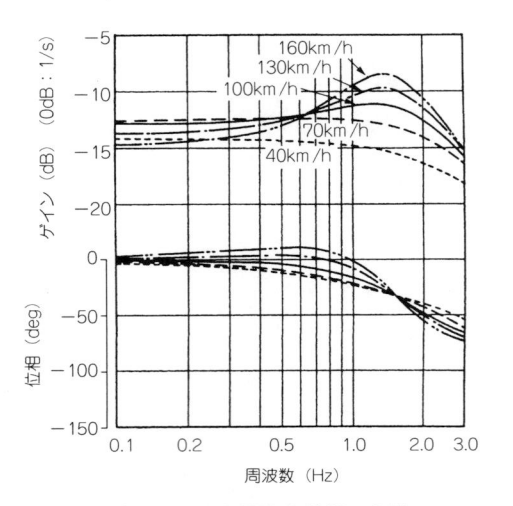

図 2–43　周波数応答特性の例[5]

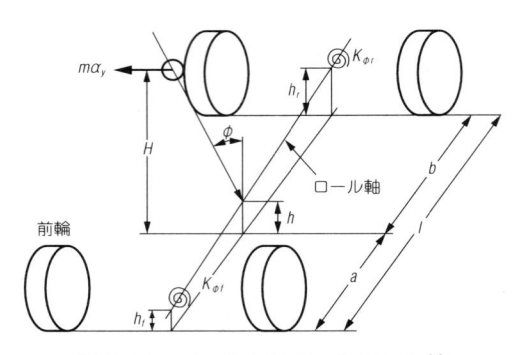

図 2–44　ロールセンターとロール軸

とができる。

　一方，高い横加速度領域においては，車体がロールすると，内外輪のサスペンション瞬間中心は，図 2–45 のように変化する。したがって，ロール時の内外輪のサスペンション瞬間中心とタイヤ接地点のなす角度 θ_{in}，θ_{out} が変化し，その時の内外輪のコーナリングフォース $F_{y\,in}$，$F_{y\,out}$ との関係から，車体の上下の動き，すなわちジャッキアップ（ダウン）が生じる。ジャッキア

操縦性・安定性の力学

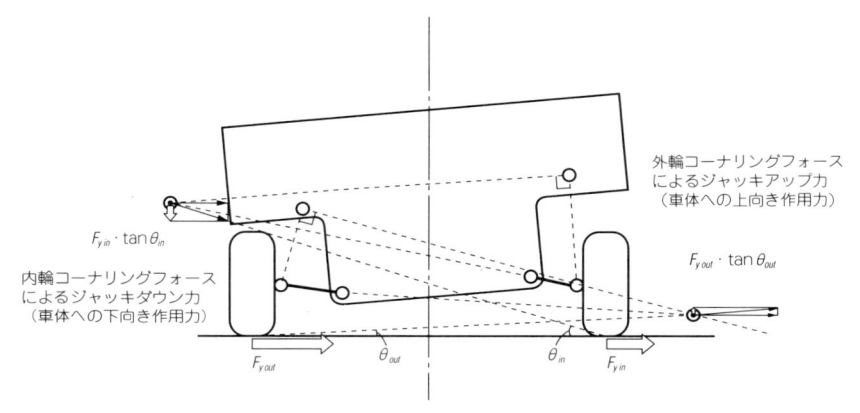

内外輪サスペンション瞬間中心の移動〜ジャッキアップ（ダウン）力の関係
（ストラット式サスペンションの例）

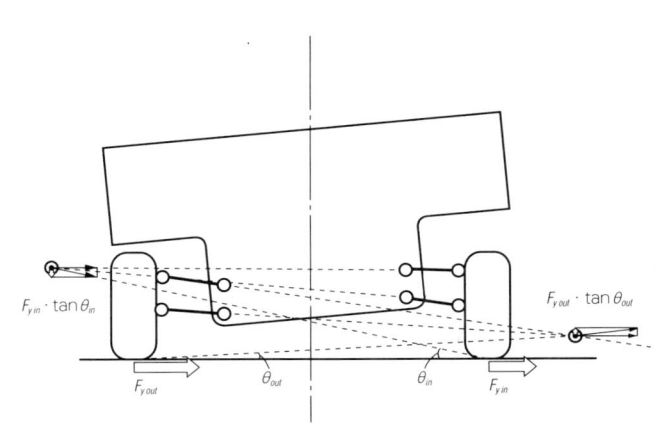

内外輪サスペンション瞬間中心の移動〜ジャッキアップ（ダウン）力の関係
（マルチリンク式あるいはダブル・ウィッシュボーン式サスペンションの例）

図2-45　内外輪サスペンション瞬間中心〜ジャッキアップ（ダウン）の関係

ップ量=0となるためには，下式を満たす必要がある。

$$F_{y_{out}} \tan\theta_{out} - F_{y_{in}} \tan\theta_{in} = 0 \quad \cdots\cdots\cdots\cdots\cdots\cdots\cdots\cdots\cdots\cdots (2.40)$$

ここで，

第 2 章　操縦性・安定性

$$\text{ジャッキアップ量} = \frac{F_{y_{out}} \tan \theta_{out} - F_{y_{in}} \tan \theta_{in}}{2k} \quad \cdots\cdots\cdots\cdots\cdots\cdots\cdots (2.41)$$

k：前輪または後輪のばね定数

(2) ロール剛性と荷重移動

　ロールが発生すると，左右輪の懸架装置のばねの片側は伸び，他方は縮む。この単位ロール角当たりのロールモーメントの大きさを，ロール剛性と呼ぶ。またロール剛性は，前後輪の懸架装置のばねの硬さの違いから，前後のロール剛性の配分が異なってくる。したがって車両がロールした時に，前後輪は，異なるロールモーメントが発生する結果，ロール時の内外輪への荷重移動も，前後輪で異なってくる。

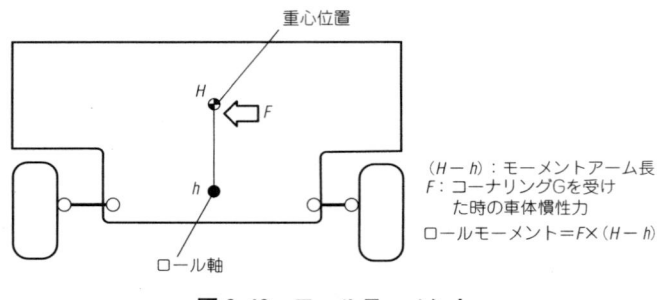

図 2-46　ロールモーメント

（$H-h$）：モーメントアーム長
F：コーナリングGを受けた時の車体慣性力
ロールモーメント＝$F\times(H-h)$

　ロール角が小さい範囲では，図 2-46 に示すように，ローリングモーメントは $m\alpha_y(H-h)$ であるから，車体のロール角 ϕ は，

$$\phi = \frac{m\alpha_y(H-h)}{K_\phi} \quad \cdots\cdots\cdots\cdots\cdots\cdots\cdots\cdots\cdots\cdots\cdots\cdots (2.42)$$

　ここで，H：重心高，h：ロール軸の重心位置における地上高
　　　　　h_f, h_r：前後輪のロールセンター高
　　　　　K_ϕ：トータルロール剛性
となる。また，前後輪の内外輪の荷重移動量 ΔW_f, ΔW_r は，

操縦性・安定性の力学

$$\Delta W_f = \frac{\phi K_{\phi f}}{t_f} + \frac{m\alpha_y h_f}{t_f} \quad \cdots\cdots\cdots\cdots\cdots\cdots\cdots\cdots\cdots\cdots\cdots\cdots\cdots (2.43)$$

$$\Delta W_r = \frac{\phi K_{\phi r}}{t_r} + \frac{m\alpha_y h_r}{t_r} \quad \cdots\cdots\cdots\cdots\cdots\cdots\cdots\cdots\cdots\cdots\cdots\cdots\cdots (2.44)$$

ここで，$K_{\phi f}$, $K_{\phi r}$：前後のロール剛性，t_f, t_r：前後輪のトレッドとなる．図2-47のように，コーナリング時の内外輪のトータルコーナリングフォースは，荷重移動のない場合の内外輪のトータルコーナリングフォー

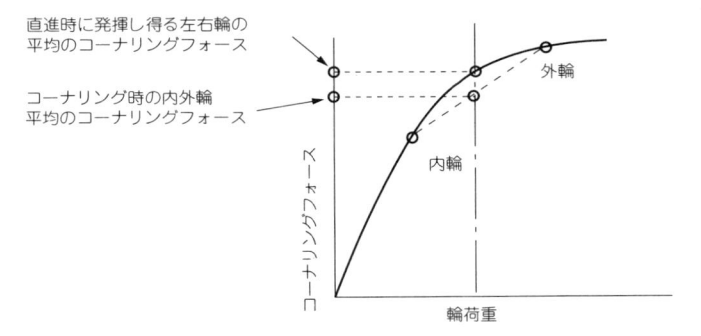

図2-47　ロールに伴う内外輪荷重移動量

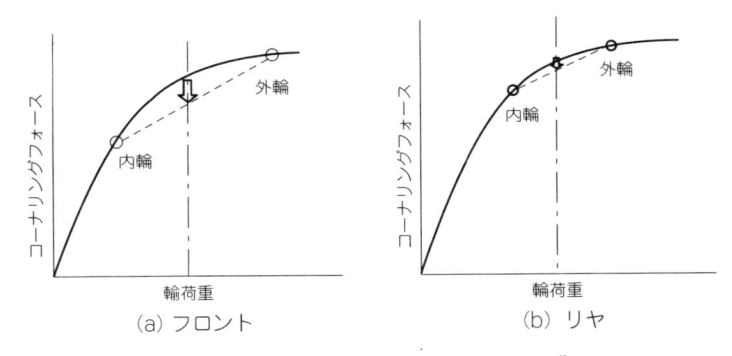

(a) フロント　　(b) リヤ

図2-48　前後輪の内外輪トータルコーナリングフォース
　　　　（前輪のロール剛性分担が大きい場合）

スに比べ，低下することになる．したがって，コーナリングフォースの低下の度合いは，前後輪の懸架装置のロール剛性配分に依存する．例えば，図2-48に示すように，前輪の懸架装置のロール剛性配分を大きくすると，前輪における内外輪のトータルコーナリングフォースの低下は，後輪に比べ大きくなり，アンダーステアの傾向が強まることになる．

2.4.5 ステアリング・サスペンション特性の影響
(1) 動的アライメント変化
動的アライメント変化とは，例えば旋回時においては，ロールに伴い，サスペンションの上下方向のストロークが生じることによる幾何学的なアライメント変化（ロールステア，ロールに伴うキャンバ角変化等），およびタイヤに加わるサイドフォースにより，サスペンション系のリンクブッシュ等の剛性あるいはステアリング剛性により生じるステア変化（コンプライアンスステア），横力によるキャンバー角変化等を示す．

また制動時も，タイヤに加わる前後力により，サスペンション系のリンクブッシュ等の剛性あるいはステアリング剛性により生じるステア変化（コンプライアンスステア）等を示す．

ロールステアとは，ロールが生じた時に，サスペンションが上下にストロークし，その上下動に伴い，車輪が，サスペンションのリンク幾何学的に，ステアすることを示す（図 2-49）．

前後輪の実舵角は，前輪ロールステア角 δ_{Rf}，後輪ロールステア角 δ_{Rr} を含めると，次のようになる．

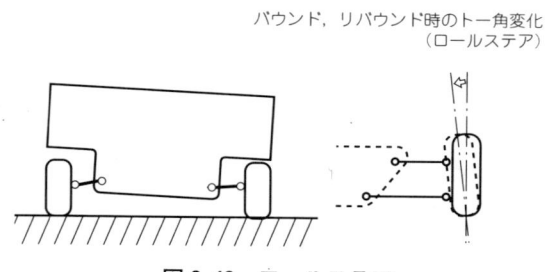

バウンド，リバウンド時のトー角変化
（ロールステア）

図 2-49 ロールステア

操縦性・安定性の力学

$$\delta_f = \delta_H / N + \delta_{Rf} \quad \cdots\cdots\cdots\cdots\cdots\cdots\cdots\cdots\cdots\cdots\cdots\cdots\cdots\cdots\cdots\cdots\cdots\cdots \quad (2.45)$$

ここで，δ_H：操舵角

$$\delta_r = \delta_{Rr} \quad \cdots\cdots\cdots\cdots\cdots\cdots\cdots\cdots\cdots\cdots\cdots\cdots\cdots\cdots\cdots\cdots\cdots\cdots\cdots\cdots\cdots\cdots\cdots \quad (2.46)$$

(2) **各部位のコンプライアンス**

　ステアリング剛性とは，ハンドルと車輪の間に介在している，ばね要素，例えば，ステアリングコラム・シャフトのラバーカップリングの捩れ剛性，パワーステアリング系のトーションスプリングの捩れ剛性，そして，ステアリングギヤ支持部の剛性等がある（図2-50）。これらのばね要素により，ハンドルと車輪間では，ステアリング剛性による捩れを生じる。この捩れは，ステアリング系の剛性分担の設定により変化する。このパワーステアリングのアシスト特性の非線形性に伴う，等価的なステアリング剛性変化を抑制するためには，パワーステアリングよりハンドル側の剛性をできるだけ高く設定し，ステアリングギヤ支持部剛性等パワーステアリングよりタイヤ側でコンプライアンスを確保することが有効である。図2-51は，横加速度に対するステア特性変化について，トータルステアリング剛性が一定の条件で，ステアリング剛性分担を変えて比較した実験結果である。理論的には，ホイー

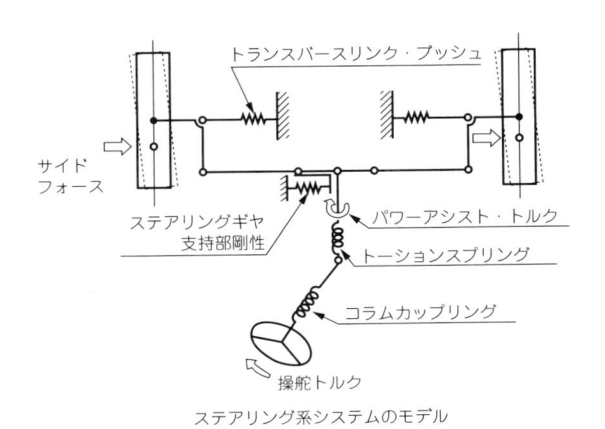

図2-50　ステアリング系の各部剛性

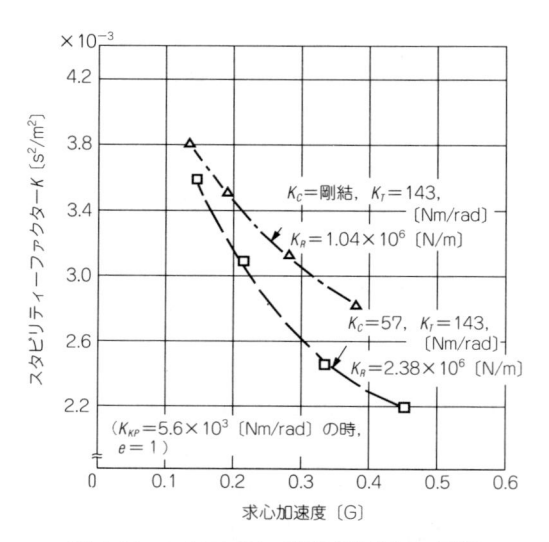

図 2-51　ステアリング系剛性分担の影響

ル端ステアリング剛性 K_{KP} は，下式で示される．このようにして横加速度に対する，等価的なステアリング剛性変化を求めることができる．

$$K_{KP} = \cfrac{1}{\cfrac{1}{e(K_C K_T)/(K_C + K_T)}\cfrac{1}{N^2} + \cfrac{1}{K_R}\cfrac{1}{N_2^2}} \quad\cdots\cdots (2.47)$$

ここで，$e = \dfrac{T_{st} + T_{ps}}{T_{st}}$ としている（注：パワーアシスト・トルク T_{ps} は車両の横加速度の増加につれて，非線形に増加するので〈図2-52〉，e も横加速度に伴い，変化する）．

　また，K_C：ステアリングコラムのラバーカップリング捩り剛性
　　　　K_T：ステアリングギヤのトーションスプリング捩り剛性
　　　　K_R：ステアリングギヤ支持部剛性
　　　　N ：オーバーオールステアリング・ギヤ比（$N = N_1 \times N_2$）
　　　（N_1：ステアリングギヤ～ハンドル間のギヤ比）
　　　（N_2：ステアリングギヤ～車輪間のギヤ比）

操縦性・安定性の力学

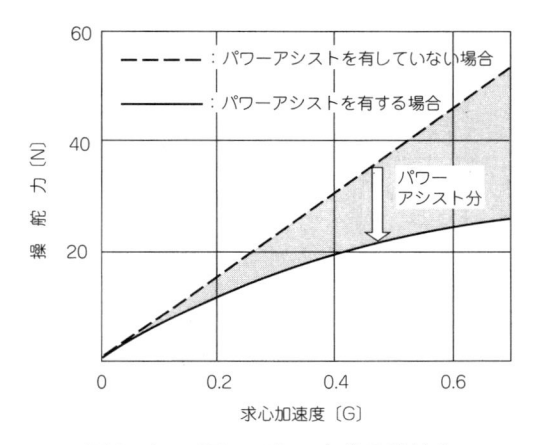

図 2-52　パワーアシスト分の操舵力

T_{st}：操舵トルク
T_{ps}：パワーアシスト・トルク

コンプライアンスステアとは，タイヤに加わるサイドフォースに対して，サスペンション系のリンクブッシュ等の剛性によって生じるコンプライアンスステア（図 2-53），および（ホイール端）ステアリング剛性による前輪の切れ戻り角が生じる分である，ステアリング系のコンプライアンスステア（図 2-54）がある。

前後輪の実舵角は，前項の前後輪ロールステア角 δ_{Rf}，δ_{Rr} のほかに，前輪の（ホイール端）ステアリング剛性分のコンプライアンスステア角 δ_{kp}，前後輪のサスペンションリンクブッシュ系のコンプライアンスステア角 δ_{Cf}，δ_{Cr} を含めると，次のようになる。

$$\delta_f = \delta_H / N + \delta_{Rf} - \delta_{kp} + \delta_{Cf} \quad \cdots\cdots\cdots\cdots\cdots\cdots (2.48)$$

$$\delta_r = \delta_{Rr} + \delta_{Cr} \quad \cdots\cdots\cdots\cdots\cdots\cdots (2.49)$$

ここで，（ホイール端）ステアリング剛性 K_{kp} 分の前輪のコンプライアンスステア角 δ_{kp} は，キャスタートレール t_{CAS}，タイヤのニューマチック・トレール t_0，前輪のタイヤ接地面に働く y 方向の力 F_{fy} を用いると，次式とな

第2章　操縦性・安定性

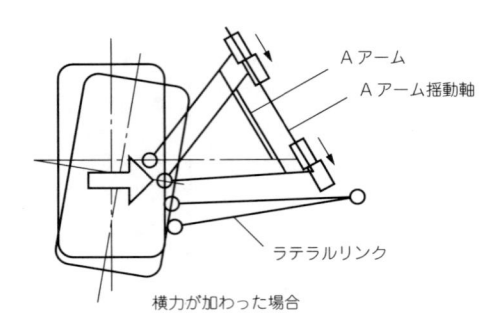

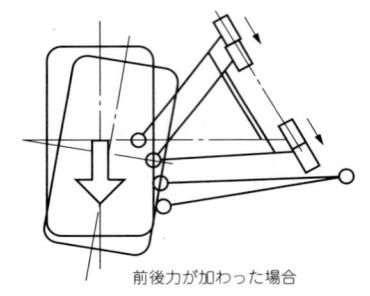

横力が加わった場合

前後力が加わった場合

（マルチリンク・サスペンションのコンプライアンスコントロール）

図2–53　コンプライアンスステア

キャスタートレール（t_{CAS}）　　タイヤのニューマチック・トレール（t_0）

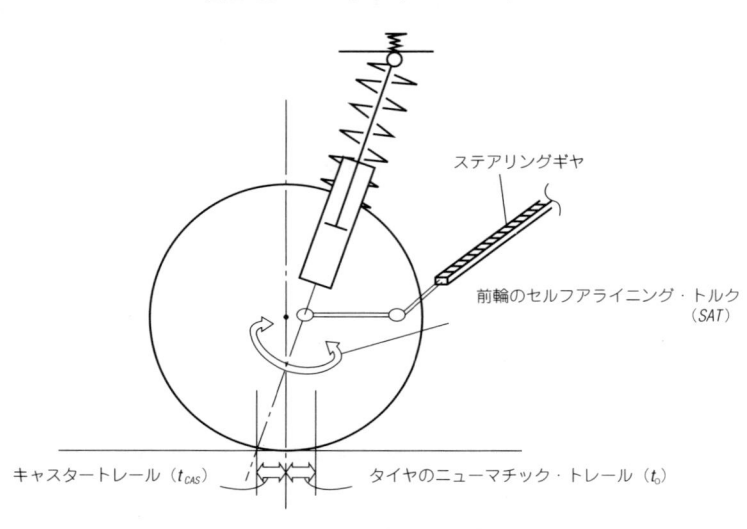

図2–54　ステアリング剛性分のコンプライアンスステア

る（図 2–54）。

$$\delta_{kp} = (t_{CAS} + t_0) F_{fy} / K_{kp} \quad \cdots\cdots\cdots\cdots\cdots\cdots\cdots\cdots\cdots\cdots\cdots\cdots \quad (2.50)$$

2.5　発展的内容

2.5.1　制動駆動による影響
(1) **タイヤ横力との関係**

　車両に装着されたタイヤは，車両の駆動あるいは制動のため前後方向の力を受ける。この力は，コーナリングフォースに影響を与える。

　クーロン摩擦の法則に従えば，**図 2–55** に示すように，タイヤに働くコーナリングフォース F_y と駆動力 F_x（または制動力）は，どのような場合にも，次式を満足しなければならない。

$$\sqrt{F_x^2 + F_y^2} \leq \mu W \quad \cdots\cdots\cdots\cdots\cdots\cdots\cdots\cdots\cdots\cdots\cdots\cdots \quad (2.51)$$

　すなわち，タイヤと地面間に作用する水平面内の合力は，垂直荷重と摩擦係数を掛けたもの以上にはならず，合ベクトルは，半径 μW の円内にとどまる。これを摩擦円と呼ぶ。

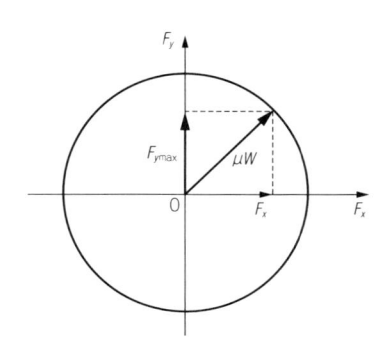

図 2–55　タイヤの摩擦円

(2) **車体姿勢変化（スカット，ダイブ，リフト等）**

　制動時には，車両の重心位置に慣性力が作用し，車体前部の沈み込み（ノ

図 2-56　制動時の車体姿勢変化

図 2-57　駆動時の車体姿勢変化

ーズダイブ），車体後部の浮き（テールリフト）が発生する（**図 2-56**）。

また駆動時には，車両の重心位置に慣性力が作用し，車体前部の浮き（ノーズリフト），車体後部の沈み込み（スカット）が発生する（**図 2-57**）。

例えば，前後輪制動力 F_{fx}，F_{rx} の慣性力による後輪から前輪への荷重移動 ΔW は，重心高 H，ホイールベース l より，下式となる。

$$\Delta W = (F_{fx} + F_{rx})H/l \quad \cdots\cdots\cdots\cdots\cdots\cdots\cdots\cdots\cdots\cdots\cdots\cdots (2.52)$$

すなわち，制動時は慣性力により，前輪には ΔW の下向き力が発生し，後輪には ΔW の上向き力が発生する。駆動時はその逆となる。

一方，サスペンションの前後方向の瞬間回転中心に制動駆動力のベクトル成分が作用している。サスペンションの瞬間回転中心の位置により，これらの車体のピッチング運動を生じにくくすることが可能である。これらをアンチスカット，アンチダイブ，アンチリフトと呼ぶ。

①アンチスカット

図 2-58 に示すように，加速時には後輪に作用する駆動力 F_{rx} は，サスペンション瞬間回転中心に向かう作用力ベクトルと，車輪の下方（接地点）に向かうベクトルに分割される。この車輪に作用する下向き力の反作用力として，車体には，上向き方向の力 $F_{rx}\tan\theta$ が作用する。この上向き作用力によ

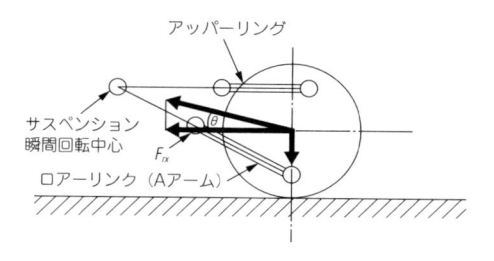

図 2-58 アンチスカット

って，前述の ΔW（下向き力）を低減し，スカットを抑えることをアンチスカットと呼んでいる。

②アンチダイブ

図 2-59 に示すように，制動時には前輪に作用する制動力 F_{fx} は，サスペンション瞬間回転中心に向かう作用力ベクトルと，車輪接地点の下方に向かうベクトルに分割される。この車輪に作用する下向き力の反作用力として，車体には，上向き方向の力 $F_{fx}\tan\theta$ が作用する。この上向きの作用力によって，前述の ΔW（下向き力）を低減し，ノーズダイブを抑えることをアンチダイブと呼んでいる。

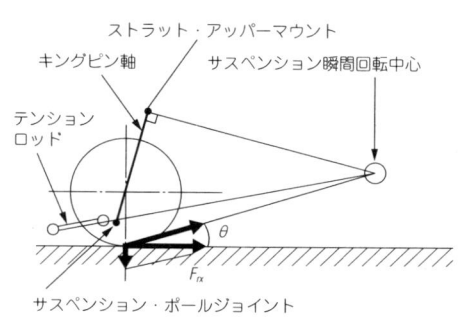

図 2-59 アンチダイブ

③アンチリフト

図 2-60 に示すように，制動時には後輪に作用する制動力 F_{rx} は，サスペンション瞬間回転中心に向かう方向と逆方向の作用力ベクトルと，車輪接地点の上方に向かうベクトルに分割される。この車輪に作用する上向き力の反

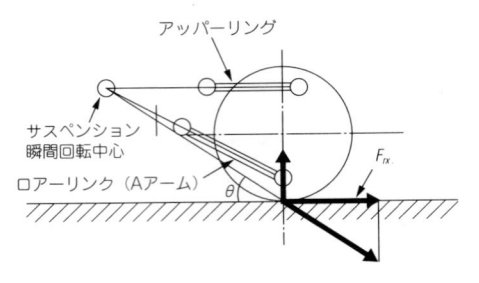

図2-60 アンチリフト

作用力として，車体には，下向き方向の力 $F_{rx} \tan \theta$ が作用する．この下向きの作用力によって，前述の ΔW（上向き力）を低減し，リフトを抑えることをアンチリフトと呼んでいる．

2.5.2 限界性能

この領域は，現在の主要な研究課題と考えられる．
その理由を次に示す．

①タイヤが限界に近い，非線形領域では，操舵に対する車両の応答性（いわゆる舵の効き），そして安定性も低下してくる．また限界コーナリング時は，前後輪のタイヤはグリップを失いやすく，前輪がグリップを失うと，ドリフトアウト，後輪がグリップを失うとスピンに至り，ともに危険な状態となる．

したがって，タイヤが限界に近い非線形領域の解析，そしてその制御（例としては後述のVDC，VSA，DYC等）が重要になってきている．

②緊急回避性能等は，人間特性との関連で検討する必要性があり，人間を含めた，クローズドループ系としての評価体系の確立が重要になってきている．

③①項は，タイヤがスキッド域に入らないように，ドリフト，スピンを抑止する方向であるが，一方スピン，ドリフト領域に入っても，その限界コントロール性を向上させる試みも検討されている．具体例は，7.2.2項を参照していただきたい．

これらについては，関連性があり，ITS技術として，車両側だけでなく，

ドライバー側，そして，ナビゲーション技術とリンクする道路側情報との連動により，さらなる発展が期待できる。

2.5.3 新しい技術
(1) **VDC（ビークル・ダイナミクス・コントロール）**
①概要

制動力によるヨーイングのコントロール装置である。限界旋回時，左右どちらかの車輪に自動的にブレーキをかけたり，エンジン出力を制御したりして，車両の横滑りをコントロールし，車両の向きを制御する装置である。滑りやすい路面や障害物の緊急回避時に発生する車両の横滑り等が軽減される。

自動ブレーキは，アンダーステアの場合には内輪に，オーバーステアの場合には外輪に作動させる。エンジン出力は，FR車ではオーバーステア時にFF車ではアンダーステア時に制御される。タイヤと路面間において，前後の制動方向の力を4輪独立してコントロールしている。

②VDC制御の狙いとその効果
・VDC制御によるオーバーステア傾向時の緩和（**図 2-61**）

旋回時外側の前輪および後輪にブレーキをかけ，オーバーステアを抑制するヨーイングモーメントにより，オーバーステア傾向を緩和する。

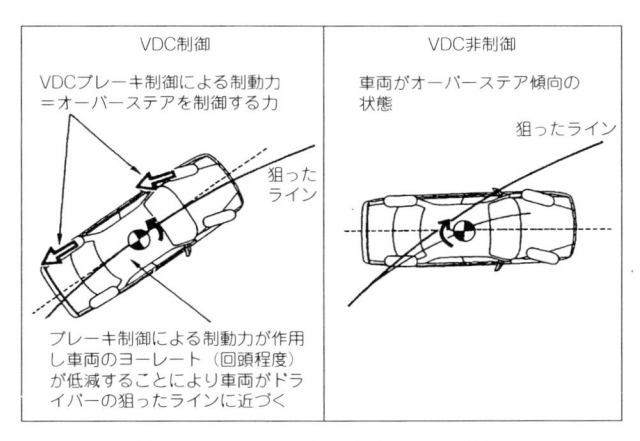

図 2-61　VDC制御によるOSの緩和[6]

・VDC 制御によるアンダーステア傾向時の緩和（図 2-62）

旋回時内側の後輪にブレーキをかけ，アンダーステアを抑制するヨーイングモーメントにより，アンダーステアを緩和する。

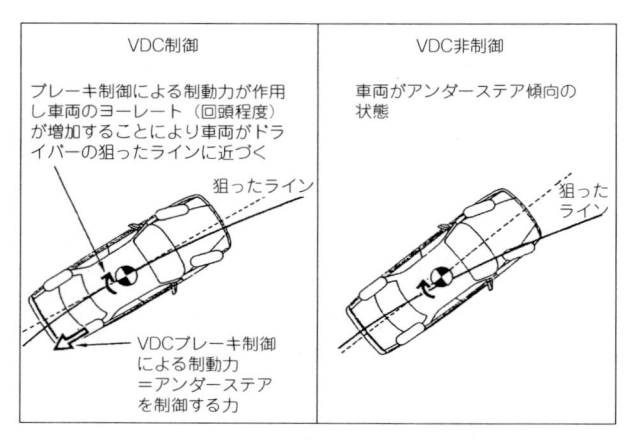

図 2-62　VDC 制御による US の緩和[6]

・滑りやすい路面でのレーンチェンジ時の効果（図 2-63）

滑りやすい路面で，レーンチェンジをした時などに，オーバーステア傾向が大きいと判断すると，その程度に応じて，エンジン出力を制御するととも

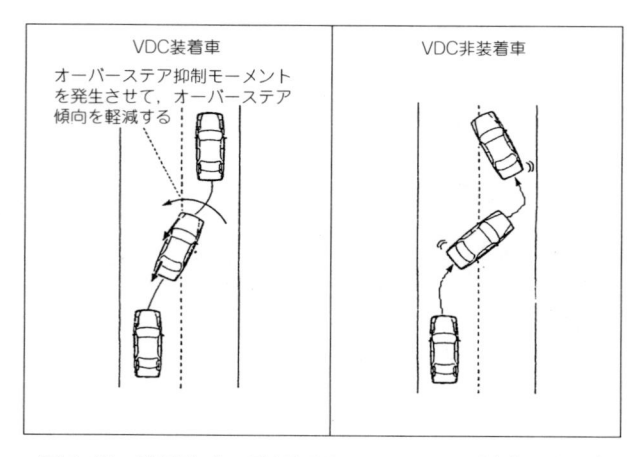

図 2-63　滑りやすい路面でのレーンチェンジ時の効果[6]

に，4輪のブレーキ力を制御し，オーバーステア傾向を抑制する。
・滑りやすい路面でのコーナリング時の効果（図2-64）

　旋回中に，滑りやすい路面で制動した時などに，アンダーステア傾向が大きいと判断すると，4輪の制動力をコントロールして，アンダーステア傾向を抑制する。

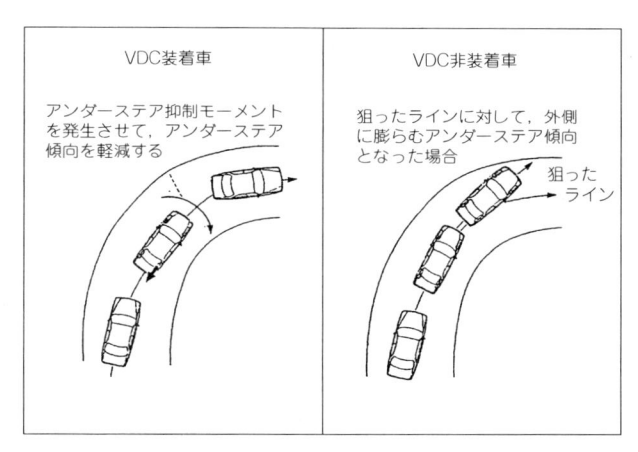

図2-64　滑りやすい路面でのコーナリング時の効果[6]

③VDCシステムの構成

　図2-65はVDCシステムの構成を示す。

　操舵角センサー，圧力センサー等の情報から得られる操舵角量，ブレーキ操作量により，目標横滑り量を演算し，ヨー角速度，横加速度センサー，車輪回転センサー等の情報から演算した車両の横滑り量と比較する。目標横滑り量と車両の横滑り量の差に応じて，VDCシステムのアクチュエーターに駆動信号を送り，ブレーキ制動力の調整を行うとともに，エンジン出力を調整することによって，車両の横滑りを抑制し，走行安定性を向上させている。

　次に，VDCシステムの主要構成について述べる。

・VDCコントロールユニット

　各種センサー信号，およびエンジン，オートマチック・トランスミッションの情報を受信し，車両の走行状態を判別する。そして，コントロールユニットからのアクチュエーター駆動信号の出力，および，目標エンジントルク

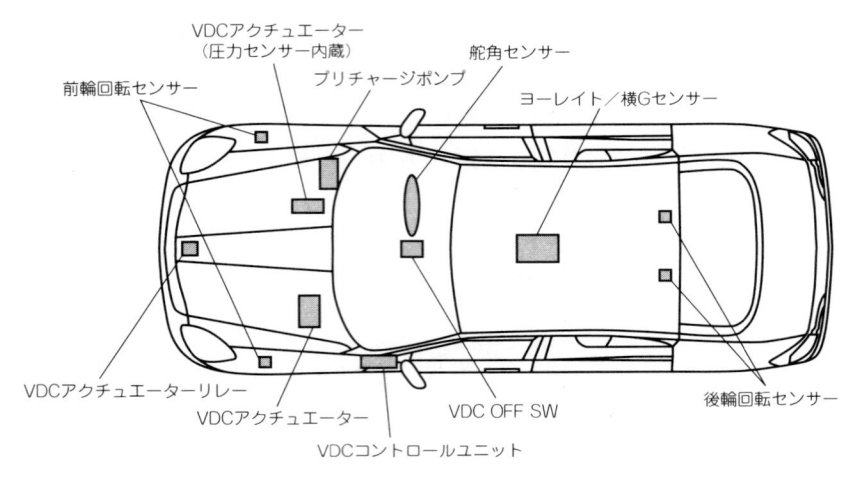

図 2-65　VDC システムの構成

の演算を行う。
・アクチュエーター
　コントロールユニットからのアクチュエーター駆動信号を受けて，各車輪のホイールシリンダーのブレーキ液圧を調整する。
・ヨー角速度，横加速度のセンサー
　車両のヨー角速度，および横加速度を検出する。
・操舵角センサー
　ドライバーの操舵角量，および方向を検出する。
・ブレーキ圧センサー
　アクチュエーター内のブレーキ圧力を検出する。
・車輪の回転センサー
　各車輪の回転速度を検出する。

(2) **VSA（ビークル・スタビリティー・アシスト）**

　VSA は，ABS（4輪アンチロック・ブレーキ・システム），TCS（トラクション・コントロール・システム）に，さらに車両の横滑り抑制を加えた，車両挙動安定化制御システムである。例えば，ステアリングの急激な切り過ぎによって生じがちな，後輪のスキッドによるスピンを抑制するため，フロ

ント外輪のブレーキを強める等のコントロールを行う。また加速時には，アクセルの踏み過ぎによって生じがちな，ドリフトアウトを抑制するため，フロント内輪のブレーキを強める等のコントロールを行う。

(3) DYC（ダイレクト・ヨー・コントロール）

左右駆動力配分を調節する特殊なデフ（トランスファーデフ）を使って，左右の駆動力配分を可変にし，車体の向きを変える垂直軸回りのモーメントを発生させて，旋回性能を高める装置である。

第2章演習問題

(1) 車両質量：1,300 kg，車両の重心高：0.5 m，ロールセンター高：0.1 m，車両のロール剛性：120,000 Nm/rad（＝2,094 Nm/deg）の時，コーナリング時の横加速度0.5 Gで発生する車両のロール角は，何 deg になるか？

(2) スタビリティーファクター（K），およびステア特性（アンダーステア～オーバーステア）について記述せよ（図や式を用いて示すこと）。

(3) 車両のフロント（前輪）のロール剛性配分を大きくすると，上記，ステア特性はどちらの方向（アンダーステアあるいはオーバーステア）に変化するのか？　そのメカニズムについて記述せよ（図や式を用いて）。

(4) 車両の横方向とヨーイングの2自由度運動方程式を記述せよ。そして，ハンドルを操舵すると，その2自由度モデルのどの項が変化して，その結果，車両の運動が生じるのか？　タイヤのコーナリングフォース特性等と関連させて，式や図を用い，理論的に操舵に対する車両の運動を記述せよ。

(5) コーナリング限界において，スピン，ドリフトアウトはなぜ生じるのか？　タイヤ特性の図あるいはタイヤの式や，車両の運動方程式あるいは運動状態の幾何学的図等を用い，そのメカニズムを理論的に記述せよ。

(6) 車両の限界コーナリング性を向上させようと思ったら，車両諸元において，どこをどのような方向にチューニングすればよいか？（例：ばね，

第2章 操縦性・安定性

ショックアブソーバー，車両の重心等）

第3章 乗り心地・振動

　自動車は快適性の面から，乗り心地，振動等の性能が重要である。すなわち，乗員の快適性，車外騒音等環境に及ぼす影響を考慮すると，振動騒音は極力そのレベルを低減させることが望ましい。したがって，車両側におけるその改善の方向を知ることが必要である。

　自動車は路面からの凹凸入力を受けたり，エンジン，回転体の入力等により，広い周波数帯域にわたって共振現象が生じている。これらの振動は，乗員への振動現象としては比較的低い周波数（30～40 Hz 以下）において，音となる振動現象は 20 Hz 付近以上において，それぞれ生じている。

　そこで本章では，乗り心地の性能に関して，基本的なことを記述している。さらに応用的な，アクティブサスペンションも含め，その内容について記述を行っている。また，振動現象とその対策についても記述を行っている。

3.1　乗り心地

3.1.1　一般

　一般に，乗り心地の悪い車両は，人体への振動伝達が大きく，ドライバーの快適性を低下させる。

　図 3-1 は，上下振動を受ける人体各部の振動伝達特性の一例を示す。人体の腹部は 4～5 Hz 付近に 1 次共振点を持ち，胸部は 6 Hz 付近に共振点を持っている。また**図 3-2** に，一般的なシートの振動伝達特性と着座乗員の振動伝達特性の例を示す。ここでシート振動伝達特性は，$\ddot{Y}/\ddot{X}$ の値であり，乗員の振動伝達特性は $\ddot{H}/\ddot{Y}$ の値である（$\ddot{Y}$ はクッションの上下加速度，$\ddot{X}$ はフロアの上下加速度，$\ddot{H}$ は乗員の頭部加速度）。すなわち，乗員が着座した時のシートの共振点 f_n は 3～4 Hz に，腹部，脊椎の共振は 6 Hz 付近にある。したがってこのような，人体が最も敏感に感じる周波数である 4～8 Hz での振動レベルを下げるには，シートの共振点 f_n を下げることが望ましく，ま

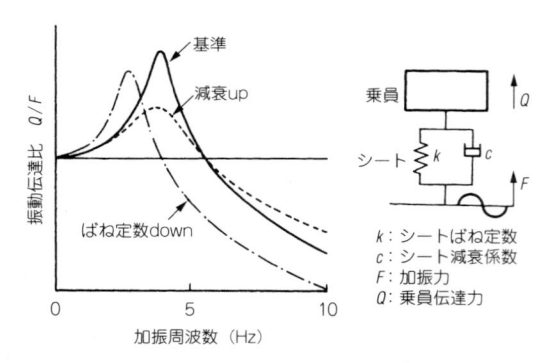

図 3-1　上下振動を受ける人体の表皮のひずみ量[5]

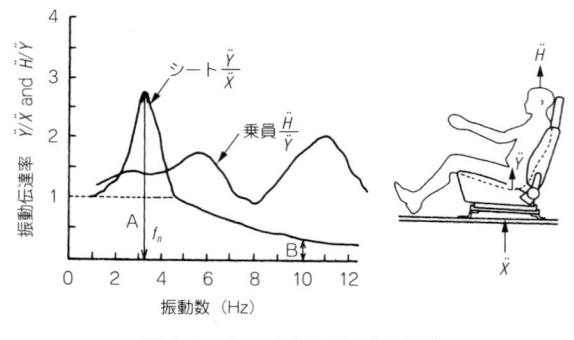

図 3-2　シート振動伝達特性[5]

た，ばね上共振付近の振動伝達率 A，ばね下共振付近の振動伝達率 B を下げ，人体に対する振動エネルギーを減らすことが望ましい。

3.1.2　乗り心地の基礎

(1) ばね上，ばね下固有振動数

　自動車の上下振動の解析においては，図 3-3 に示す，2 自由度振動モデルで考えることができる。一般に前輪のケースと，後輪のケースで，分けて表している。この振動系を，低周波数から高周波数まで（1〜20 Hz）加振した場合，ばね上質量が大きく振動する現象と，ばね下質量が大きく振動する現

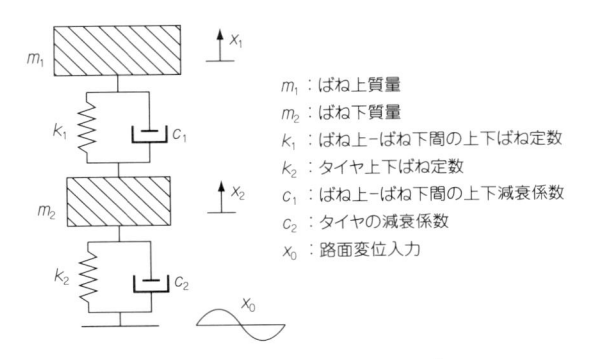

図 3-3　2自由度の車両振動モデル

m_1：ばね上質量
m_2：ばね下質量
k_1：ばね上-ばね下間の上下ばね定数
k_2：タイヤ上下ばね定数
c_1：ばね上-ばね下間の上下減衰係数
c_2：タイヤの減衰係数
x_0：路面変位入力

象（共振）が発生する。おのおのの共振は，下式に示す，おのおのの固有振動数の時にほぼ最大となる。

$$f_1 = \frac{1}{2\pi}\sqrt{\frac{k_1}{m_1}} \quad\quad\quad\quad\quad\quad\quad\quad\quad (3.1)$$

$$\text{または，} \omega_1 = \sqrt{\frac{k_1}{m_1}} \quad\quad\quad\quad\quad\quad\quad (3.1)'$$

$$f_2 = \frac{1}{2\pi}\sqrt{\frac{k_2}{m_2}} \quad\quad\quad\quad\quad\quad\quad\quad\quad (3.2)$$

$$\text{または，} \omega_2 = \sqrt{\frac{k_2}{m_2}} \quad\quad\quad\quad\quad\quad\quad (3.2)'$$

ここで，m_1：車体（ばね上）質量，m_2：ばね下質量
　　　　k_1：懸架（スプリング）のばね定数，k_2：タイヤの縦ばね定数
　　　　f_1，(ω_1)：ばね上の固有振動数 Hz，（rad/sec）
　　　　f_2，(ω_2)：ばね下の固有振動数 Hz，（rad/sec）

乗用車の場合，ばね上固有振動数は $f_1 = 1.5$ Hz（$\omega_1 = 9.4$ rad/sec）程度，ばね下固有振動数は $f_2 = 15$ Hz（$\omega_2 = 94$ rad/sec）程度が一般的である。これ

は，ばね上質量：ばね下質量＝10：1.0程度の比となっており，サスペンションのばね定数：タイヤの縦ばね定数＝1.0：10程度の比となっていることが多いからである。

乗り心地においては，ばね上固有振動数が低いと，サスペンションが柔らかく，ソフトな乗り心地であるといえる。また，ばね下固有振動数が低いと，タイヤの縦ばね定数が柔らかく，荒れた路面走行時のように，比較的周波数の高い領域においてソフトな乗り心地となるといえる。

(2) 減衰係数比

減衰係数比 ζ は，減衰の度合いを表しており，次のようになる。

$$\zeta = \frac{c_1}{2\sqrt{k_1 \cdot m_1}} = \frac{c_1}{c_c} \quad \cdots\cdots\cdots\cdots\cdots\cdots\cdots\cdots (3.3)$$

ここで，$c_c = 2\sqrt{k_1 \cdot m_1}$ であり，c_c を臨界減衰係数という。

ζ：減衰係数比，c_1：ショックアブソーバーの減衰係数

次に図3-3に示すような，2自由度の車両の振動モデルにおいて，路面変位入力が加えられた時の，運動方程式は次のようになる。

ばね上の運動方程式は，

$$m_1 \ddot{x}_1 = k_1(x_2 - x_1) + c_1(\dot{x}_2 - \dot{x}_1) \quad \cdots\cdots\cdots\cdots\cdots\cdots (3.4)$$

ばね下の運動方程式は，

$$m_2 \ddot{x}_2 = k_2(z - x_2) + c_2(\dot{z} - \dot{x}_2) - k_1(x_2 - x_1) - c_1(\dot{x}_2 - \dot{x}_1) \quad \cdots\cdots (3.5)$$

となる。

ここで，c_1：ショックアブソーバーの減衰係数，c_2：タイヤの減衰係数
x_1：ばね上変位，x_2：ばね下変位
$\dot{x}_1$：ばね上速度，$\dot{x}_2$：ばね下速度
$\ddot{x}_1$：ばね上加速度，$\ddot{x}_2$：ばね下加速度
z：路面変位，$\dot{z}$：路面変化速度

路面入力に対する，ばね上加速度の伝達特性は，式(3.4)，式(3.5)をラプラス変換して，伝達関数 $H(s)$ より求めることができ，次式のようになる。

$$H(s) = s^2 \frac{X_1(s)}{Z(s)} = s^2 \left[\frac{k_1 + c_1 s}{m_1 s^2 + c_1 s + k_1} \right] A(s) \quad \cdots\cdots\cdots\cdots\cdots\cdots\cdots\cdots (3.6)$$

ただし，$A(s) = \dfrac{k_2 + c_2 s}{m_2 s^2 + (c_2 + c_1)s + (k_2 + k_1) - \dfrac{(k_1 + c_1 s)^2}{m_1 s^2 + c_1 s + k_1}}$

式(3.6)の右辺第1項は，ばね下を考慮しない，1自由度振動モデルの伝達特性であり，第2項は，そのモデルに対する補正項となる。

式(3.6)から，伝達ゲイン｜$H(\omega)$｜は，次式のようになる。

$$|H(\omega)| = \omega^2 \cdot \frac{1}{\sqrt{\left(1 - \dfrac{\omega_{n1} \cdot \omega^2}{\omega_{n1}{}^3 + 4\zeta^2 \cdot \omega_{n1} \cdot \omega^2}\right)^2 + \left(\dfrac{2\zeta \omega^3}{\omega_{n1}{}^3 + 4\zeta^2 \cdot \omega_{n1} \cdot \omega^2}\right)^2}} \cdot |A(\omega)|$$

$\cdots\cdots\cdots\cdots\cdots\cdots\cdots\cdots\cdots\cdots\cdots\cdots$ (3.7)

　　｜$A(\omega)$｜：補正項の伝達ゲイン
　　ω_{n1}：ばね上固有振動数
　　ω：角速度（円振動数）

式(3.7)の｜$H(\omega)$｜が小さいほど，ばね上に伝達される加速度は小さくなり，すなわち，乗り心地は良くなる。式(3.7)をもとに，パラメーターの影響を計算した例を，図3-4～図3-6に示す。

図3-4より乗り心地は，車体の固有振動数に影響され，ω_{n1}を小さくする方が良くなることがわかる。ばね下の固有振動数についても，同様なことがいえる（図3-5）。また図3-6より，減衰係数比ζは，車体の共振点付近では，大きい方が良いが，それ以外の周波数では，小さくした方が乗り心地が良いことがわかる。

ただし，前輪のばね上固有振動数を後輪のばね上固有振動数より，やや低く設定することにより，車体上下動（バウンシング）と前後逆位相の前後への回転振動（ピッチング）の連性を小さくでき，したがって，ピッチングを最小のものとすることができるので，前後のバランスも非常に大事である。

第3章 乗り心地・振動

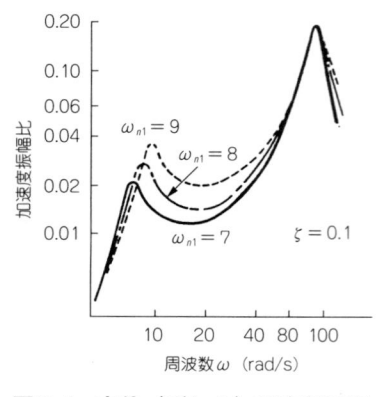

図 3-4 車体（ばね上）固有振動数の影響[7]

図 3-5 ばね下固有振動数の影響[7]

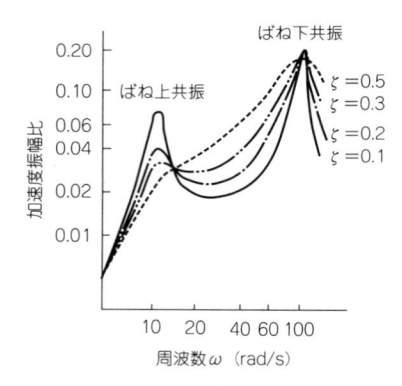

図 3-6 減衰係数比の影響[7]

(3) スカイフックダンパー理論

　スカイフック制御とは，車体をヘリコプターにたとえ，地表の影響をまったく受けずに，すなわち，路面のうねりをできる限り吸収して，車体を一定に保つ制御のことである。実際には，車体の動きを上下加速度センサーで測定し，車体が動きに合わせ減衰力を発生させ，動いていない時は減衰力が最小になるようにしている（図3-7）。

　具体的には，空間のある点で支持されたショックアブソーバーが，車体に

乗り心地

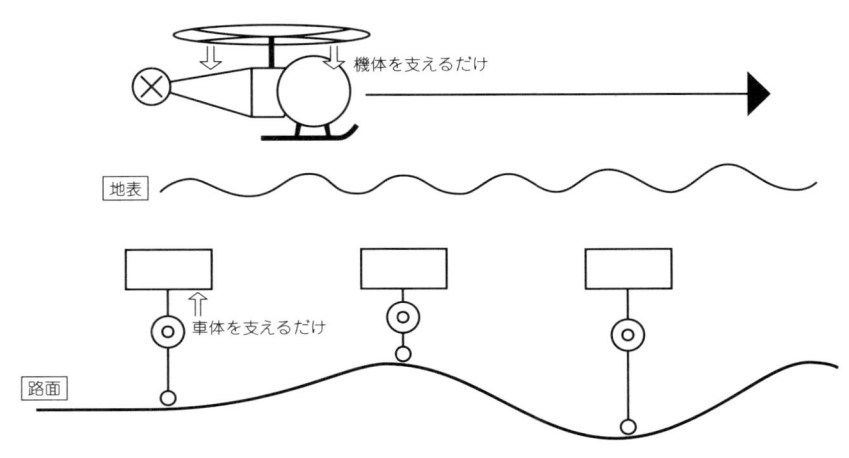

図 3-7 スカイフック制御[6]

作用しているかのごとく，実車のショックアブソーバーの減衰力を制御する方法。この場合には，車輪の動きに対して減衰力が働かないので，路面からの力を車体に伝えない。一方，ステアリング操作によるロール等で車体が自ら上下動した時だけ減衰力が働き，車体をしっかり抑える。

スカイフック制御を利用したサスペンションに，アクティブサスペンションがある。

(4) アクティブサスペンション（減衰力制御方式）

アクティブサスペンションの方式において，ここでは，減衰力制御方式を行っている，シーマの例を示す。

① 概要

このアクティブサスペンションは，走行状態に合わせて，リアルタイムでショックアブソーバーの減衰力を連続制御するシステムである。

通常のサスペンションは，ショックアブソーバーの減衰力が弱いと収束性が悪く，減衰力が強いと，ゴツゴツ感があり，乗り心地が悪くなる。

一方，アクティブサスペンションは，路面の凹凸を通過する直前まで，減衰力を弱め，その後，車体の動く方向と速度に応じて，減衰力をコントロールし，車体のムダな動きを極力なくしている（図 3-8）。

第 3 章　乗り心地・振動

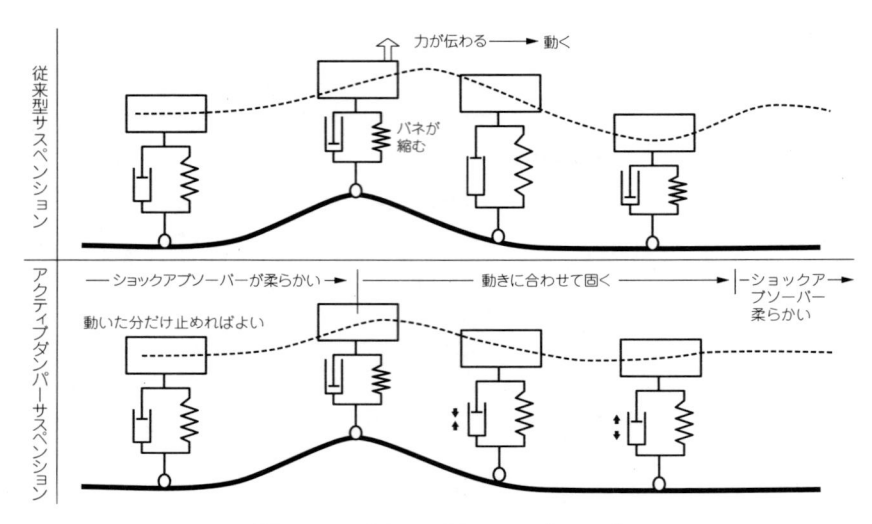

図 3-8　アクティブサスペンション[6]

② アクティブサスペンションの狙いとその効果

　アクティブサスペンションは，車体の動きに合わせて減衰力を適正コントロールするため，車体にはムダな動きがなくなる。また，高い横加速度が発生するコーナリングや，車線変更で車体がロールする場合に減衰力を高め，動きを抑える。すなわちアンチロール効果があり。また，発進時やブレーキング時においては，ノーズダイブ（リフト），テールスカット（リフト）を抑える。発進時は，車体の動きを，車体の前後の上下加速度センサーで感知して，減衰力を高め，車体の動きを抑える。ブレーキング時は，車体の動きを，車体の前後の上下加速度センサーで感知して，加えて車速の変化も感知して，通常より減衰力を高め，車体の動きを抑える。
③ アクティブサスペンションの構成

　図 3-9 は，シーマの制御システムの構成を示す。

　車体の動きに関して，車体の前後の上下加速度センサーで，加速度を検出し，操舵角センサーで，操舵角と操舵角速度を検出し，コントロールユニットに信号を送る。コントロールユニットは，これらの信号と車速信号および，ストップランプスイッチ信号等をもとに演算し，各輪のショックアブソーバ

乗り心地

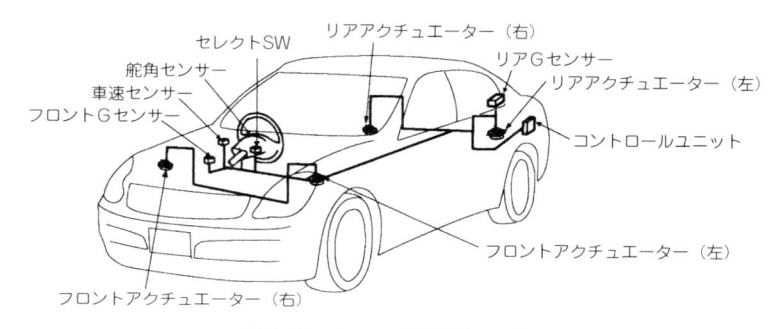

図 3-9 シーマの制御システム

一上部に取り付けてあるアクチュエーター（ステップモーター）に指令値を送る。アクチュエーターは指令値に基づき，ショックアブソーバーの減衰力を変更する。

(5) **油圧アクティブサスペンション**

インフィニティ Q45 で実施された，油圧アクティブサスペンションの例を用いて説明する。

①概要

このシステムは図 3-10 に示すように，上下，前後，左右方向の加速度センサーの出力に応じて，各輪に設定されている，アクチュエーターの油圧をコントロールして，車両の姿勢変化を抑えるとともに，路面からの振動入力も低減している。車両の姿勢変化制御の内容としては，ロール制御，制動時のノーズダイブやテールリフトと駆動時のスカット等のピッチング制御があり，路面からの振動入力の低減制御としては，上下方向のソフトでフラットな乗り心地を実現するバウンス制御を行っている。また乗員，積載条件によらず，車高変化を一定に制御している。さらに，操縦安定性を高めるために，過渡的なロール剛性配分コントロールも行われている。

②システムの制御内容

油圧アクティブサスペンションのロール制御（過渡的なロール剛性配分制御を含む），ピッチ制御，バウンス制御，車高制御を行っている。

・**ロール制御**（過渡的なロール剛性配分制御を含む）（図 3-11）

第3章　乗り心地・振動

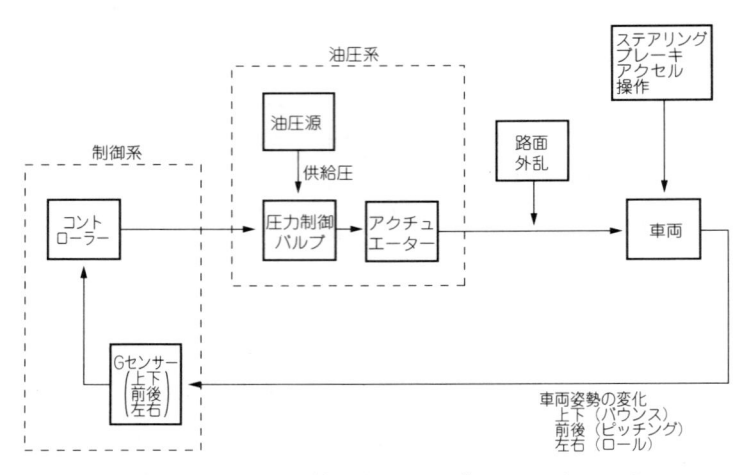

図 3-10　インフィニティの油圧アクティブサスペンションシステム

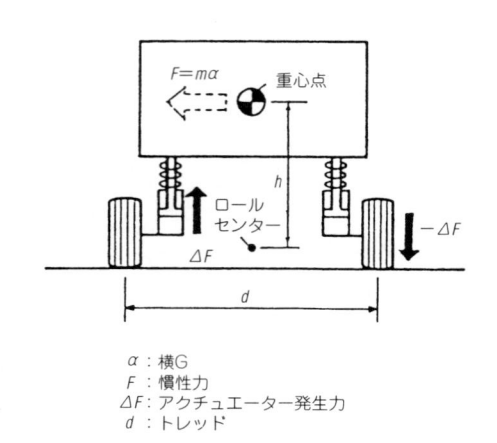

α：横G
F：慣性力
ΔF：アクチュエーター発生力
d：トレッド

図 3-11　ロール制御[7]

　コーナリングの際に，車両の重心点には慣性力が作用し，ロールセンター回りにロールする。その際，慣性力を横加速度センサーで検出し，横加速度に応じて外輪の制御圧力を高め，内輪の制御圧力を低くすることにより，慣性力を打ち消し，ロールを防止している。
　また，過渡的なロール剛性配分制御も含まれており，前輪アクチュエータ

乗り心地

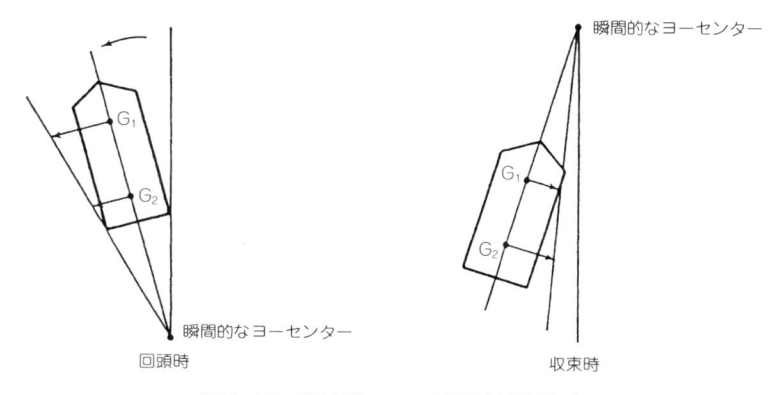

図 3-12　過渡的ロール剛性配分制御[7]

ーと後輪アクチュエーターの発生力の割合を変化させることで，ステア特性のコントロールを可能としている。前輪側の比率を高めればアンダーステアに，後輪側の比率を高めればオーバーステアにコントロールできる。この油圧アクティブサスペンションでは，図 3-12 に示すように，前後に横加速度センサーを 2 個用いており，フロント側の横加速度センサーの出力により後輪圧力を，リヤ側の横加速度センサーの出力により，前輪圧力をコントロールしている。したがって高速操舵時の回頭時には，車両の瞬間的なヨーセンターが車両後方にあるため，前側の横加速度の方が大きくなり，後輪の圧力分担が高まり，オーバーステア方向に変化し，すなわち回頭性が向上する。そして収束時には，瞬間的なヨーセンターが車両前方にあるため，後側の横加速度の方が大きくなり，前輪の圧力分担が高まり，アンダーステア方向に変化し，すなわち収束性が向上することになる。

・**ピッチ制御**（図 3-13）

　制動の際に，車両の重心点には慣性力が作用し，車体はピッチングが発生する。その際，慣性力を前後加速度センサーで検出し，前後加速度に応じて前輪の制御圧力を高め，後輪の制御圧力を低くすることにより，慣性力を打ち消し，ノーズダイブ，テールリフトを防止している。駆動時は，逆に慣性力が発生するので，逆の制御を行っている。

・**バウンス制御**（図 3-14）

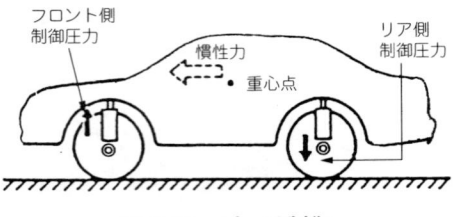

図 3-13　ピッチ制御

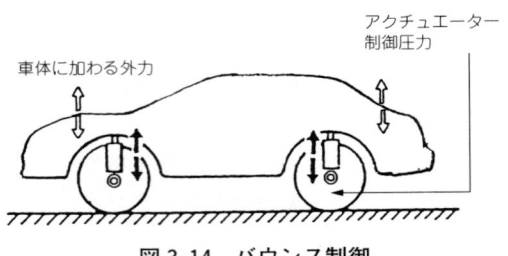

図 3-14　バウンス制御

　うねり路等の走行時には，路面入力を受け，車体は上下にバウンシングが発生する。その際，車体の上下方向の速度により，アクチュエーターの制御圧力をコントロールすることで，路面入力を打ち消している。車体の上下方向の速度は，上下加速度センサーの出力を積分して得ている。この制御方式は，前項同様にスカイフックダンパー理論が適用されている。
・**車高制御**
　各輪の車高センサーにより，乗車人員，積載条件が変化しても，アクチュエーターの制御圧力をコントロールすることで，一定の車高を維持する。
③アクティブサスペンションの構成
　図 3-15に示す油圧系システムと，**図 3-16**示す制御系システムで構成される。
　油圧系は，油圧源としてリザーバータンク，オイルポンプ，ポンプアキュムレーターで構成され，油圧制御のためのマルチバルブ・ユニット，メインアキュムレーター，圧力制御ユニット，およびアクチュエーターより構成されている。

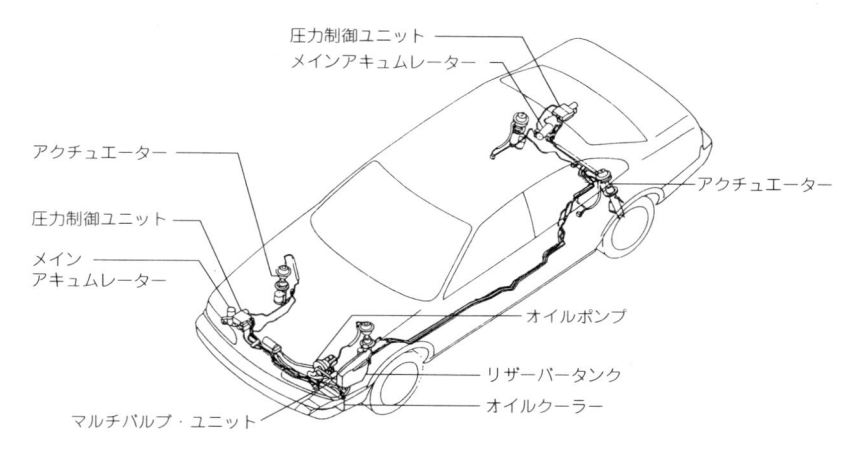

図3-15 インフィニティの油圧アクティブサスペンションの油圧系システム

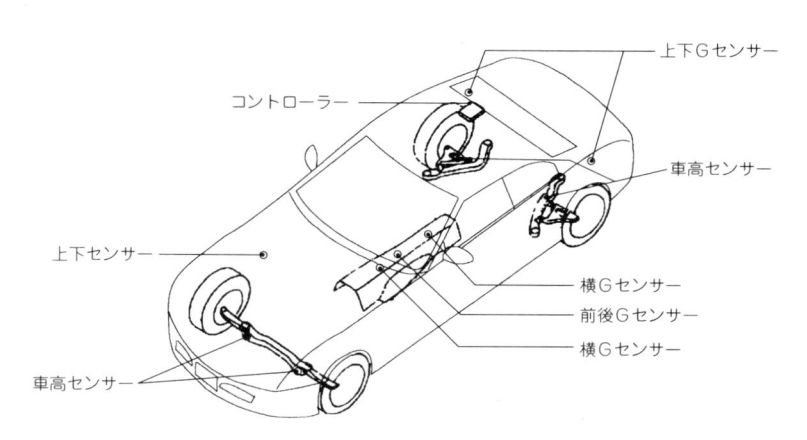

図3-16 インフィニティの油圧アクティブサスペンションの制御系システム

また制御系は，3個の上下加速度センサー，2個の横加速度センサー，1個の前後加速度センサー，4個の車高センサー，そしてコントローラーより構成されている。

(6) アクティブサスペンションの他のコントロール例

アクティブサスペンションの中には，次のような操縦性安定性のコントロールを含めているものもある。すなわち，走行条件に応じて，最適な制御と

するために，サスペンションアームなどの構成やブッシュの剛性なども含め，総合的に制御しているものもある。

また，前後のロール剛性配分コントロールの方式においては，次のようなものもある。すなわち，旋回中の横加速度が高い場合は，前輪のシリンダー圧を下げて，ロール剛性配分をリヤ寄りとし，ステア特性をよりニュートラルステア方向に近づけ，高い横加速度域における舵の効きの向上（操縦の応答性の向上）を得ている。さらに，高速走行時の場合は，逆に安定性を高めたいので，前輪のシリンダー圧を高めて，フロントのロール剛性配分を高め，ステア特性をよりアンダーステア方向に近づけ，応答性を少し落としても，より安定性を重視した設定にコントロールしている。

ほかには，レベライザー機能を付加したものもある。乗車人員や，積載条件に関わらず，常に設定の車高にコントロールし，加えて高速走行時には，車高をやや下げた設定にコントロールして，走行安定性を高めることも行っている。

3.2 振動・騒音

3.2.1 ステアリングシミー

前輪のタイヤや，ロードホイールあるいは，一緒に回転するディスク等の回転体のアンバランスにより，サスペンション，ステアリングリンケージを通じて，ステアリングホイールが回転方向に振動する現象をステアリングシミーと呼んでいる。操舵輪が，キングピン回りに10数Hzの自励振動を起こす現象である。激しくなると，ハンドルだけでなく，ボディーを振動させることもある。

低減対策としては，次のようなことが，考えられる。

(1) **振動源をできるだけ小さくするため，次のチェックを行う**
 ・タイヤの偏摩耗
 ・タイヤの空気圧不足
 ・タイヤのRFV〜ロードホイールのランアウトの位相合わせ
 ・ハブとロードホイールのセンタリング

(2) ステアリング系，サスペンション系で防振の具合をチェックする
　・ショックアブソーバーのへたり
　・ステアリング系のガタ
　・ステアリングの剛性不足
　・ホイールアライメント調整

3.2.2　こもり音
こもり音の発生には，次のような要因の場合がある。
(1) **エンジン振動が排気系で共振して起こるもの**
　エンジンのトルク変動等により振動が発生するが，これが排気系において共振すると，振幅が大きくなり，ボディーパネルや車室内によって共鳴し，こもり音が発生する。
(2) **プロペラシャフトのアンバランスによって起こるもの**
　ある車速になると，プロペラシャフトのアンバランスにより，リヤサスペンションなどが共振して，こもり音が発生する。リヤサスペンションがワインドアップ共振を起こし，ボディーを振動させたり，センターベアリング，リヤエンジンマウントを通じて，ボディーを振動させる。そして，ボディーパネルや車室内によって共鳴し，こもり音が発生する。
(3) **低速〜高速時にエンジンのトルク変動によって起こるもの**
　低速時の場合は，エンジンのトルク変動が，プロペラシャフト等の駆動系に捩り振動を発生させ，サスペンション，ボディーを振動させる。また，排気音の音響加振によりフロアパネルが振動して生じる。そして，ボディーパネルや車室内によって共鳴し，こもり音が発生する。
　中速時の場合は，特定の車速で低い連続音が発生したり，特定のエンジン回転数で車速とは無関係に生じる場合もある。エンジンのトルク変動のほか，エアークリーナーの吸気音，排気音，プロペラシャフトのジョイント角が加振源となり，排気系，プロペラシャフトを支持するセンターベアリング，リヤサスペンションを通じて，ボディーパネルや車室内によって共鳴し，こもり音が発生する。特にサスペンションは，駆動系が駆動力を路面に伝える際の反力で，スプリングあるいはリンクブッシュがたわみ，振動する場合があ

り，これを，サスペンションのワインドアップ共振と呼んでいる。
　高速時は，中速時と同様の場合と，エンジンの振動でプロペラシャフト等の駆動系や，補器類（エアコンのコンプレッサー等）が共振を起こし，リヤサスペンションや，エンジンマウントを通じて，ボディーパネルや車室内によって共鳴し，こもり音が発生する。

3.2.3　ロードノイズ

　舗装がザラザラしたところを走行すると，路面の小さな凹凸がタイヤのトレッド部などを振動させ，サスペンションを通じ，車体に伝達し，室内騒音となる。「ゴー」「ザー」という騒音で，車体のパネルが発音する，100〜500 Hz の振動である。

　図 3-17 は，スムーズな路面と荒れた舗装路を走行した時の車室内騒音の周波数スペクトルであり，荒れた路面では，特に，100〜500 Hz の領域でレベルが上昇しており，これがロードノイズである。

　また，サスペンションの共振周波数と合う振動は大きく伝わる。共振周波数に合わない振動は吸収される。

　騒音の度合いは，主には，タイヤとサスペンションの関係で決まってしまうものである。

　低減対策としては，次のようなことが，考えられる。

(1) **振動源をできるだけ小さくするため，次のチェックを行う**

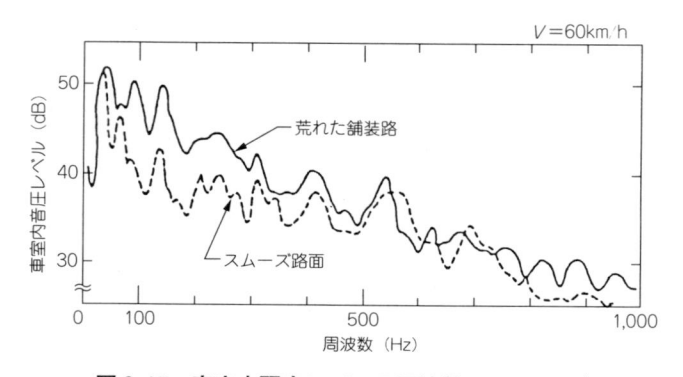

図 3-17　車室内騒音レベルの周波数スペクトル[7]

- タイヤが弾性振動しやすくないかどうか
(2) **サスペンション系で防振の具合をチェックする**
- サスペンション系，特にばね，ショックアブソーバーで振動の吸収が行えているかどうか
(3) **ボディー系で防振の具合をチェックする**
- サスペンションを通った振動がボディーに伝わり，パネルが発音するので，ボディー系の防振（メルシート）等の状態は適切かどうか

3.3 バウンス系（上下動系）のサスペンションチューニングについて

3.3.1 バウンス系（上下動系）の振動特性について

バウンス系（上下動系）のチューニング手法については，3.3.2～3.3.4項で詳しく述べるが，ここでは，基礎的なバウンス系振動と乗り心地について触れておく。

減衰の割合（比）を示す減衰係数比 ζ（$=c/c_c$）は，ばね～ショックアブソーバー～重量等のバランスによって，すなわち，下式で求まる指数である。

$$\zeta = c/c_c$$
$$= \frac{c}{2\sqrt{W/9.8 \cdot k}} \times 100 \quad (\%) \quad \cdots\cdots\cdots\cdots\cdots\cdots\cdots (3.8)$$

（上式において，$c = c^*/V_p$）

ここで，W：輪荷重

k：ばね定数

c：粘性減衰係数

c^*：ショックアブソーバー減衰力（伸び側，縮み側の平均）

c_c：臨界減衰係数 $\left(= 2\sqrt{\dfrac{W}{9.8} \cdot k}\right)$，$c$ がこの値以上になると，無周期運動となる。

V_p：ピストン速度（0.3 m/sec）

となる。

第3章　乗り心地・振動

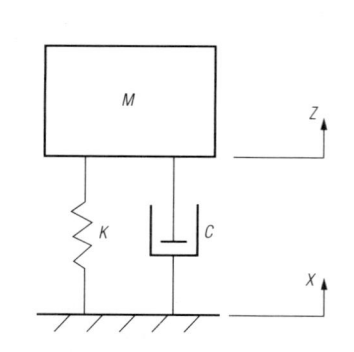

図 3-18　1自由度系の振動モデル

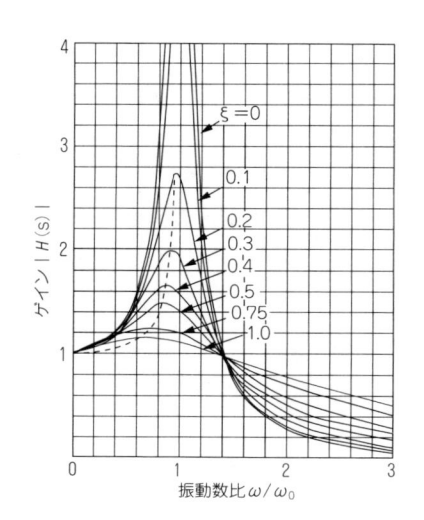

図 3-19　1自由度系の振動伝達特性[7]

まず最初は，ばね下を考えずに簡単な1自由度系振動モデル（**図 3-18**）で考えると，**図 3-19**のようになる。

すなわち，減衰係数比 ζ（$=c/c_c$）が大きいと，ばね上共振付近の制振効果は大きいが，共振点を超えた領域で，その制振効果は逆転する。

次に2自由度モデル（**図 3-20**）で考えると，**図 3-21**，**図 3-22**のようになり，減衰係数 c を増加させる（すなわち，c/c_c を高めると），ばね上共振点付近の振動加速度は減少するが，その他の領域では，振動加速度は増加している。

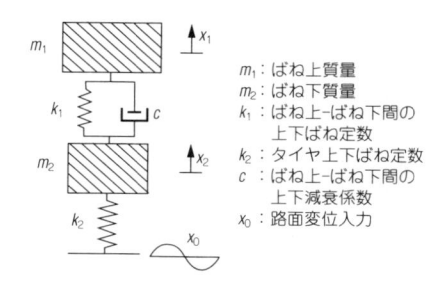

m_1：ばね上質量
m_2：ばね下質量
k_1：ばね上-ばね下間の上下ばね定数
k_2：タイヤ上下ばね定数
c：ばね上-ばね下間の上下減衰係数
x_0：路面変位入力

図 3-20　2自由度系の振動モデル

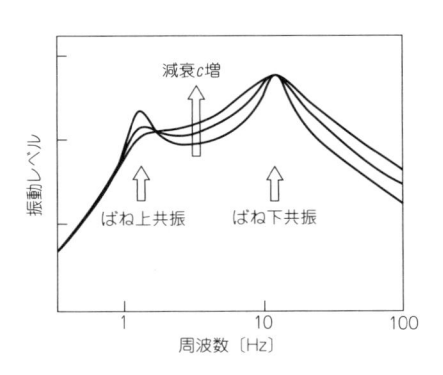

バウンス系（上下動系）のサスペンションチューニングについて

図 3-21　粘性減衰係数の影響[7)] 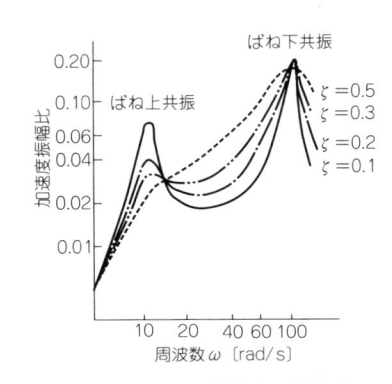　　　図 3-22　減衰係数比の影響[7)]

したがって，適度な c/c_c が望ましい。

一般に，c/c_c は 30〜50% が望ましい。

一方，減衰係数比 $\zeta\ (=c/c_c)$ は振動の減衰の割合を示す指数である。

図 3-23 において，$B/A=b/a$，$C/B=c/b$ の場合，絶対値レベルは異なるが，同一の減衰係数比（ダンピングレシオ）となる。

したがって，振動の絶対値レベルを含めた指数ではないので，乗り心地を考慮した場合には，絶対値レベルも考慮する必要性がある。

すなわち，減衰力値あるいはばね定数値のように，絶対値のパラメーターは，振動の絶対値レベルに影響を与えるので，注意が必要である。

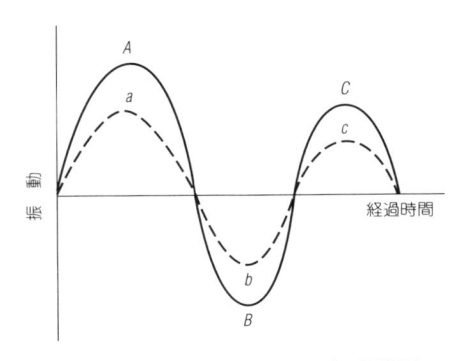

図 3-23　同一減衰係数比の振動波形

c/c_c は，前式でも明らかなように，スプリング〜ショックアブソーバー〜重量等のバランスによって決まる指数である。

したがって，ばねに対し望ましいショックアブソーバーのバランスも，c/c_c の望ましいゾーンから決まってくるといえる。

3.3.2　スプリングのばね定数のチューニング

体感するスプリングの硬さの感じは，車両の重量によって異なってくる。

すなわち，軽い車両には柔らかなスプリングの組み合わせでないと，体感としてはスプリングが硬過ぎると感じてしまう。

したがって，車両のフロントとリヤの，固有振動数との関係から選択することが望ましい。

なぜならば，"固有振動数" は，車両の重量を含めた指数だからである。

固有振動数は次式で表される。

$$f_n = \frac{1}{2\pi}\sqrt{\frac{k}{W/9.8}} \quad \cdots\cdots\cdots\cdots\cdots\cdots\cdots\cdots\cdots\cdots\cdots\cdots\cdots (3.9)$$

ここで，f_n：固有振動数
　　　　k：ばね定数
　　　　W：輪荷重

具体的には**図 3-24** のような関係図となる。

横軸はスプリングのばね定数，縦軸は車両の重量の関係で表される。

ノーマルサスペンションの車両は一般に，固有振動数は 1.0〜1.5 Hz である。

例えば**図 3-24** において，輪荷重：$W = 4,000$ N（約 400 kgf）時において，ノーマルサスペンションの硬さは，$K = 16$〜35 N/mm（約 1.6〜3.5 kgf/mm）となる。

逆にいうと，固有振動数の値から，例えばハードサス化の度合いがわかることになる。

また前後輪のバランスは，現状の車両データ，あるいはその車両の，メーカーの基準値データを参考にし，前後のバランスを崩さず，同比率に近づけ

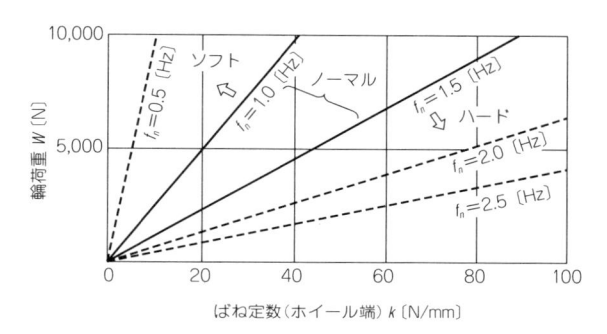

バウンス系(上下動系)のサスペンションチューニングについて

図 3-24 固有振動数〜ばね定数，輪荷重の関係

てアップすることが，大事になる。
　もしくは前後の固有振動数が，あまり大きく異ならないように，配慮してチューニングすることが大事である。

3.3.3 ショックアブソーバー〜ばね定数のチューニング

　ショックアブソーバー減衰力は，スプリングの伸縮力を吸収するために必要であり，したがって，スプリングとのバランスが重要となる。
　減衰の割合(比)を示す減衰係数比 $\zeta (=c/c_c)$ が存在するが，この$\zeta(=c/c_c)$は，ショックアブソーバー減衰力とばね定数を含んだパラメーターであるので，この式を利用して例えば，ハードスプリングにバランスするショックアブソーバー減衰力を，求めることができる。
　減衰係数比 $\zeta(=c/c_c)$ は，3.3.1項で示した式(3.8)で表される。

$$\zeta = c/c_c = \frac{c}{2\sqrt{W/9.8 \cdot k}} \times 100 \;(\%) \quad (\text{左式において，} c = c^*/V_p)$$

ここで，W：輪荷重，k：ばね定数，c：粘性減衰係数，c^*：ショックアブソーバー減衰力(伸び側，縮み側の平均)，c_c：臨界減衰係数 $\left(=2\sqrt{\dfrac{W}{9.8}\cdot k}\right)$ (c が c_c 値以上になると，無周期運動となる)，
V_p：ピストン速度 (0.3 m/sec)

85

前式より，ハードスプリングに適合する，望ましい減衰係数比 ζ（= c/c_c）のゾーン（30〜50%）を満たすショックアブソーバー減衰力値（伸び側，縮み側の平均）は，次式で求められる．

$$c^* = (30 \sim 50) \times \left(2\sqrt{W/9.8 \cdot k}\right)/100 \times V_p \quad \cdots\cdots\cdots\cdots\cdots (3.10)$$

ここで，c^*：ショックアブソーバー減衰力（伸び側，縮み側の平均）
　　　　V_p：ピストン速度（0.3 m/sec）

具体的には，**図 3-25** のような関係図となる．

横軸はスプリングのばね定数，縦軸はショックアブソーバーの伸び側，縮み側の平均の減衰力（ショックアブソーバー・ピストン速度 0.3 m/sec 時）の関係で表される．

一般に，スプリングとショックアブソーバーが望ましいバランス状態にある場合は，ζ（= c/c_c）が 30〜50% の範囲である．c/c_c が 30% より小さい場合は，ばねが硬くて，ばねに比べるとショックアブソーバーが柔らかく，すなわちどちらかというと，スポーツカー的色彩が強過ぎることを示す．

この傾向が強いと，いわゆる"ロールのはね返り"が生じ，ショックアブソーバーによる抑えが効きにくくなってくることを示す．

c/c_c が 50% より大きい場合は，ばねが柔らかく，ばねに比べてショックアブソーバーが硬い，すなわちどちらかというと，セダン的色彩が強過ぎる

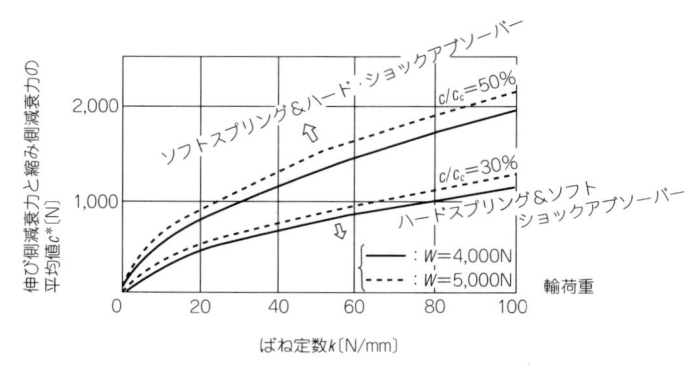

図 3-25　減衰係数比〜ばね定数，減衰力の関係

傾向を示す。

この傾向が強いと，ハンドル操作に対し，ロールの遅れを伴い，いわゆる速応性の悪い車両になってくることを示す。

3.3.4　ばね定数～タイヤ偏平率，ロードホイールの軽量化のチューニング

サスペンションが硬くて，ばね上が重い，あるいは，タイヤ縦ばね定数が低いと，ばね上とばね下の2つの共振点が近づき，振動は大きくなり，乗り心地は悪化し，ばね上がばね下のクイックな動きに追従しきれず，ロードホールディングは低下する。

したがって，ハードスプリング化した場合は，ばね上共振周波数の増加分，ばね下共振周波数を高めることで，2つの共振点を近づけない配慮をすることが，ハードサスペンション・チューニングにおいて，非常に有効である（図3-26）。

また，これを式で示すと次式となる。

ハードサスチューニング時のばね下固有振動数 f_u' を下式で求めることができる。

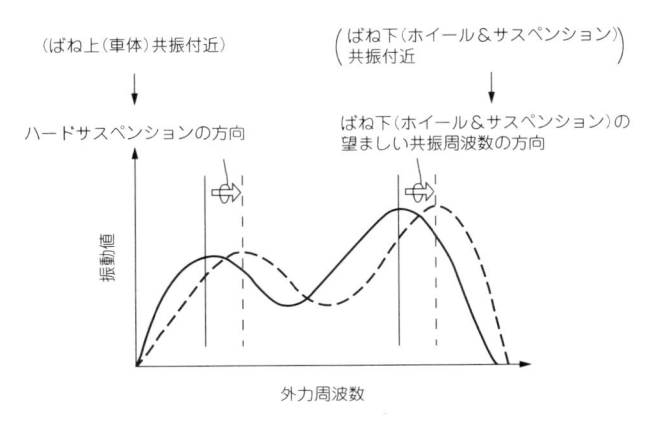

$$f_u' = f_u + (f' - f) \quad \cdots\cdots\cdots\cdots (3.11)$$

図3-26　ばね上共振～ばね下共振の関係

第3章　乗り心地・振動

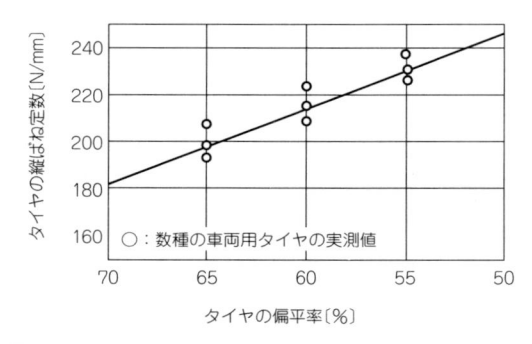

図3–27　タイヤ偏平率〜タイヤの縦ばね定数の関係

ここで，f_u'：ハードサスのばね下固有振動数
　　　　f_u　：現状のばね下固有振動数
　　　　f'　：ハードサスのばね上固有振動数
　　　　f　：現状のばね上固有振動数

　具体的には，必要となるばね下共振周波数の増加代（$f'-f$）より，必要な，タイヤ縦ばね定数の現状に対する増加割合を求め，その割合から逆に，タイヤ偏平率を何%変化させた方が望ましいかを，導くことができる。すなわち，**図3–27**のような，タイヤ偏平率〜タイヤの縦ばね定数の関係の実測データを利用すればよい。

　すなわち，**図3–27**の実測データを用いて，タイヤの必要な偏平率の変更割合ΔH_pは，下式で求めることができる。

$$\Delta H_P = \alpha \left(K_u' - K_u \right) \quad\quad\quad\quad\quad\quad\quad\quad\quad\quad\quad\quad (3.12)$$

ここで，α　：タイヤ偏平率の変更割合への変更係数
　　　　K_u　：現状のタイヤ縦ばね定数
　　　　K_u'：ハードサスのタイヤ縦ばね定数

ここで係数αは，**図3–27**に示す実測データに基づく。

　あるいは，タイヤ偏平率の減少の代わりに，ホイールの重量の軽減でもばね下共振周波数は増加するので，この場合，ホイール重量を現状に比べ，どの程度軽いものを選択した方が望ましいかを，導き出すことができる。

第3章演習問題

(1) P図3-1に示すように，車両の1輪当たりの輪荷重を4,000 Nとし，コイルスプリングのばね定数を20 N/mm（＝20,000 N/m）とする。この時，車両の固有振動数は何Hzか？

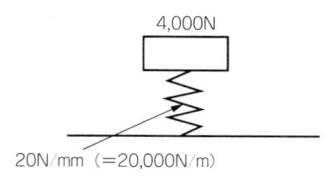

P図3-1

(2) (1)において，ピストン速度0.3 m/s時における，伸び側と縮み側の平均のショックアブソーバー減衰力を600 Nとした場合，減衰係数比 $\zeta = (c/c_c)$ は何%か（P図3-2参照）？ ばね〜ショックアブソーバーのバランスの適正ゾーン（30〜50%）に入っているか？

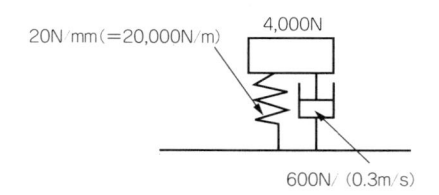

P図3-2

第 4 章　制動性能

　自動車の基本的な運動である，走る・曲がる・止まるという性能において，本章では，止まるという前後方向の運動性能に関する内容について解説する。制動性能は，安全上非常に大事な性能である。一方，近年エンジンの高性能化，高出力化が進んできており，制動性能の重要性がさらに増している。

　また，ブレーキの用途としては，①減速または連続制動，②停止制動，③固定制動，がある。①は，前方車両の減速に伴って減速する場合，坂道を下る場合に連続して制動している場合等であり，②は，完全に停止を目的とする制動であり，③は，駐停車の際，パーキングブレーキにより，車両を固定させるための制動を加える場合である。このような種々の用途において，十分な性能が要求されている。さらに制動性能とは，意のままに速度を制御し，停止させたりできる性能であり，特に，前後の制動力配分は，車両のコーナリング時等において，その車両挙動を大きく左右しているので，安全性の面からも，操縦性・安定性とともに，非常に重要な性能の1つである。

4.1　ブレーキ装置

　ブレーキ装置の容量をかなり大きくしたとしても，最大制動力は，基本的にはタイヤ〜路面間の摩擦係数によって左右される。したがって制動距離は，必ずしも，ブレーキ装置によって短くできるものではない。また，ホイールがロックした場合は，制動距離は長くなってしまうので，うまくブレーキをコントロールすることが必要であるが，今日は，ABS（アンチ・スキッド・ブレーキ）が，ほとんどの車両に搭載されてきており，ブレーキング時の安全性において，大きく改善されてきている。

　制動距離は，制動力以外に上述のように，タイヤと路面の摩擦係数のほか，タイヤの接地荷重，制動初速度等の影響を受けるので，それらを関連づけて理解することが必要である。

4.1.1 要求性能

ブレーキ装置に要求される性能は，次のような項目が列挙される。

・水や熱に対する効きの安定性

　ブレーキ装置は，例えばディスクブレーキの場合，ディスクローターとパッド間の摩擦係数は，温度とともに小さくなり，ブレーキの効きが減少するフェードという現象がある（詳細は後述）。また，雨水の浸入等に対してもブレーキの効きが安定していることが要求される。

・制動時の方向安定性

　制動時に車両の方向安定性が良いこと（スピン等が発生しないこと）。制動時の安定性が良いこと。例えば車両の姿勢変化（ノーズダイブ）等が小さいこと。

・制動能力（停止距離）

　制動距離が短いこと。

・ブレーキの操作性

　踏力，ペダルストロークが適度であること，そして，操作性の良いペダルレイアウトであること，ドライブポジションが良いこと等が要求される。

・ブレーキノイズ，振動

　ブレーキの鳴きおよびブレーキング時の車体振動（ブレーキジャダー）が発生しないこと。

・フェールセーフ

　万が一に備え，フェールセーフが行き届いていること。

等がある。

4.1.2 ブレーキ装置の種類と構造

(1) ブレーキ装置の構成

　油圧式フートブレーキは図4-1において，ブレーキペダルに加えられた踏力を，制動力倍力装置を介してマスターシリンダーに油圧を発生させ，ブレーキパイプを通じ，ディスクブレーキあるいはドラムブレーキを作動させるものである。

　油圧装置の構成を次に示す。

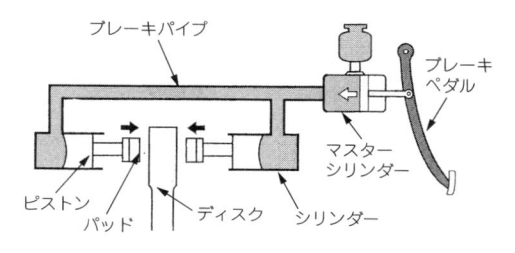

図 4-1　フートブレーキ[8]

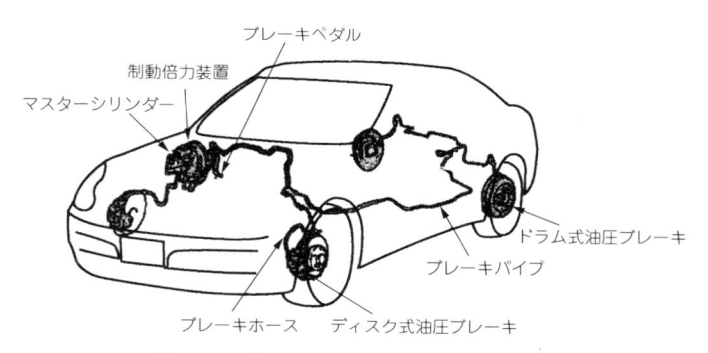

図 4-2　ブレーキシステムの車両搭載図

　油圧装置はパスカルの原理を応用したもので，図 4-2 にブレーキシステムの車両搭載図を示す。図 4-2 のように，ブレーキペダル，油圧を発生させるマスターシリンダー，油圧を各ホイールのシリンダーに送るブレーキパイプおよびブレーキホース，油圧を圧力に変換するシリンダーおよびピストン，等から構成されている。

　ディスクブレーキの場合は，パッドを押し付ける力が，ドラムブレーキのシューを押し付ける力より大きな力を必要としており，ドラムブレーキに比べ，マスターシリンダーとホイールシリンダーの面積比を大きくしている。

　パスカルの原理は，密封された液体に加えられた圧力は，すべての向きに一様となるというものである。図 4-3 に示すように，マスターバック側ピストン A に F_1 の力を加えると，ホイールシリンダー側ピストン B には F_2 の力が作用する。この時，容器内の油圧と作用する力の関係は，次のようになる。

第4章　制動性能

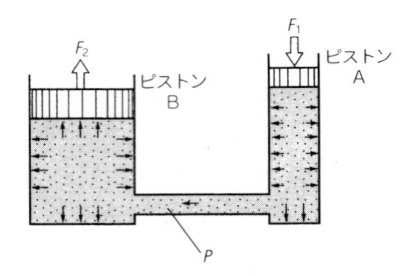

図4-3　パスカルの原理[8]

油圧 P は次式となる。

$$P = \frac{F_1}{S_1} = \frac{F_2}{S_2} \quad \cdots\cdots\cdots\cdots\cdots (4.1)$$

ここで，P：油圧

　　　　F_1：マスターバック側ピストンに加えた力

　　　　S_1：マスターバック側ピストンAの断面積

　　　　F_2：ホイールシリンダー側ピストンに作用する力

　　　　S_2：ホイールシリンダー側ピストンBの断面積

したがって，ホイールシリンダー側ピストンに作用する力 F_2 は，次式となる。

$$F_2 = P \times S_2 = F_1 \times \frac{S_2}{S_1} \quad \cdots\cdots\cdots\cdots\cdots (4.2)$$

(2) ブレーキ装置の型式

表4-1　ブレーキ装置の型式

	用　途	操作方式	伝達方式	作動方式
常用ブレーキ	速度制御，車両の停止	足ブレーキ	油圧式	内部拡張式，円板式
駐車ブレーキ	車両を停止状態に固定	手ブレーキ，足ブレーキ	機械式	内部拡張式，円板式，外部収縮式

ブレーキ装置の型式は**表4-1**に示すように，速度制御や車両の停止時に用いる常用ブレーキ（フットブレーキ）と，車両を停止状態に固定する時に用

いる駐車ブレーキ（パーキングブレーキ）があり，それぞれ伝達方式が異なる。作動方式もディスクブレーキ（円板式），ドラムブレーキ（内部拡張式），さらに駐車ブレーキとしては，ドラムの外側から締め付けて制動する，外部収縮式もある。おのおのについて以下に説明を加える。

また，一般のブレーキは，摩擦力を利用した摩擦ブレーキで摩擦熱の影響は避けられず，フェード現象等を抑える工夫が必要になる。

①ディスクブレーキ

ここでディスクブレーキは，図4-4に示すように，マスターシリンダーによって発生した油圧により，ブレーキパッドをピストンで作動させ，ディスクへの押し付け圧力を発生させて，パッドの摩擦力を利用し，制動力を得る方式である。

ディスクブレーキはパッドとディスクの摩擦面の状態変化によって，制動力が変わるので，制動作用は安定している。また，回転しているディスクが大気中にさらされているので，放熱性が良く，高速走行時のブレーキの効きに優れる。

また，キャリパーの種類には，固定型と浮動型がある。

固定型は図4-5に示すように，ディスクブレーキの基本的タイプである。固定されたキャリパーに対向したピストン2個にて，ディスクの両側からディスクパッドで圧着させる構造である。最近では，スポーツタイプの車両や大型車両には，4ピストンタイプ，すなわち片側を2個のピストンとし，パ

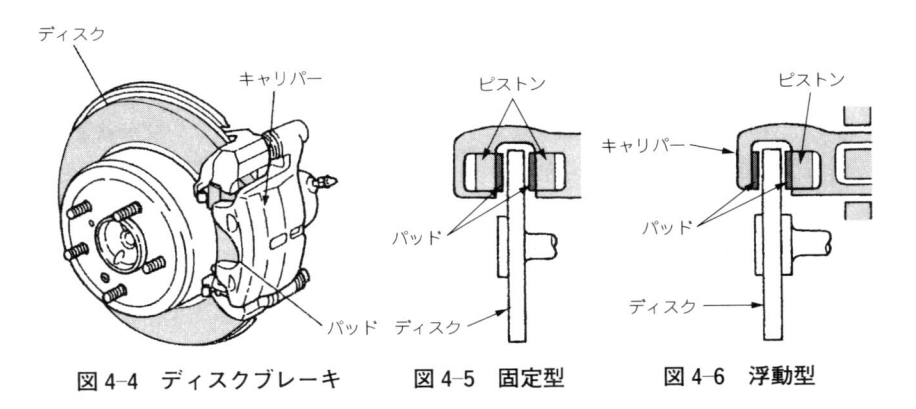

図4-4 ディスクブレーキ　　図4-5 固定型　　図4-6 浮動型

ッドの面圧を均一にすることで，ブレーキ性能を向上させた形式もある。

浮動型は図4-6に示すように，ディスクに対して，キャリパーが直角方向にしゅう動するタイプである。キャリパーの片側には，1個ないしは2個のピストンを設けている。

ブレーキを踏むと片側のパッドは，ピストンで直接押され，ディスクに圧着されるが，反対側のパッドは，ピストンを押し出す反力でキャリパーがピストンと逆方向に動くことにより，パッドをディスクに圧着させている。

固定型と同様の理由で，ピストンを2個用いたタイプもある。

またディスクには，図4-7のような2種がある。

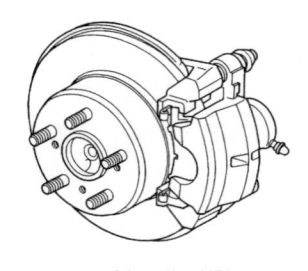

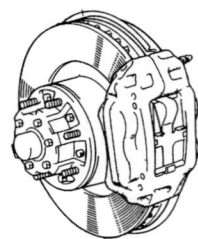

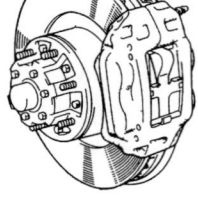

(a) ソリッド型　　　(b) ベンチレーテッド型

図4-7　ディスク[8]

高速型車両では，熱負荷の大きい前輪において，通風型であるベンチレーテッド型が多く適用されている。ベンチレーテッド型は，ソリッド型に比べると放熱性が良いので，フェード現象（摩擦熱により一時的に摩擦力が低下する現象）の発生が少なく，パッドの寿命も長くなる等の利点もある。

② ドラムブレーキ

一方ドラムブレーキは，図4-8に示すように，マスターシリンダーによって発生した油圧により，ブレーキシューをホイールシリンダーで作動させ，ブレーキドラムへの押し付け圧力を発生させて，ブレーキシューの摩擦力を利用し，制動力を得る方式である。

ドラムブレーキには，リーディングトレーリングシュー式，ツーリーディングシュー式，デュオサーボ式の3種がある。

リーディングトレーリングシュー式を図4-9に示す。

ブレーキ装置

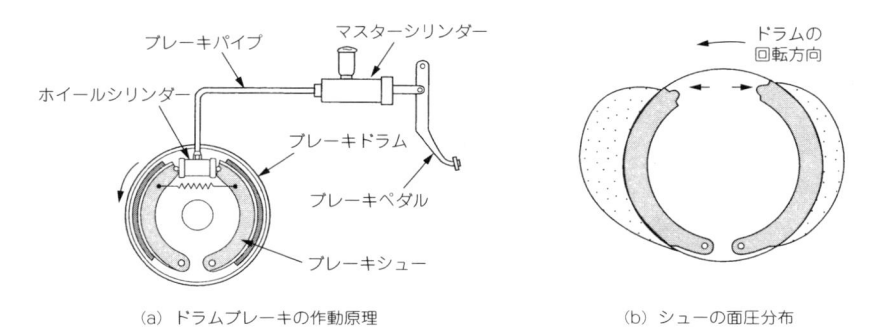

(a) ドラムブレーキの作動原理　　(b) シューの面圧分布

図4-8　ドラムブレーキ[8]

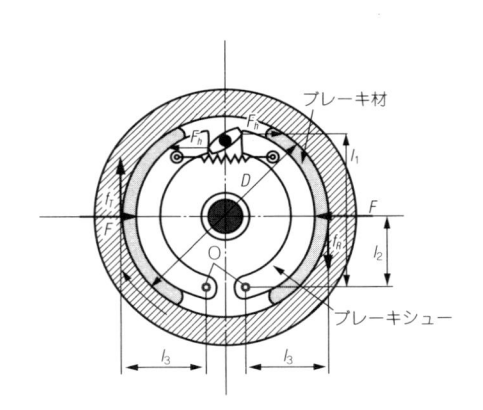

図4-9　リーディングトレーリングシュー式

　2個のブレーキシューがブレーキドラムの内側にあって，ホイールシリンダーのピストンによって押し広げられ，ブレーキドラムに接触し，ブレーキ作用をする。ブレーキシューを押し付ける力をF_hとすると，支点O回りの，力のモーメントのつり合いより，おのおののシューのブレーキ力f_R, f_Tは，次のようになる。

$$f_R = \frac{\mu_D F_h l_1}{l_2 - \mu_D l_3} \quad \cdots\cdots\cdots\cdots\cdots\cdots\cdots\cdots\cdots\cdots\cdots\cdots\cdots\cdots (4.3)$$

$$f_T = \frac{\mu_D F_h l_1}{l_2 + \mu_D l_3} \quad \cdots\cdots\cdots\cdots\cdots\cdots\cdots\cdots\cdots\cdots\cdots\cdots\cdots\cdots\cdots \quad (4.4)$$

ここで，μ_D：ブレーキドラムとブレーキシューの摩擦係数

上式からもわかるように，$f_R > f_T$となる．すなわち，ブレーキ力f_Rが作用するシューは，自己倍力作用が働き，大きな摩擦力を発生する．この自己倍力作用が働くシューを，リーディングシューと呼ぶ．

一方，ブレーキ力f_Tが作用しているシューは，ドラムの回転により内側に戻される方向なので，逆に摩擦力は小さくなる．このシューをトレーリングシューと呼ぶ．

この場合のブレーキトルクT_Bは，次のようになる．

$$T_B = \frac{(f_R + f_T)D}{2} = \frac{\mu_D l_1 l_2 D F_h}{(l_2 + \mu_D l_3)(l_2 - \mu_D l_3)} \quad \cdots\cdots\cdots\cdots\cdots\cdots\cdots \quad (4.5)$$

ここで，D：ブレーキドラムの直径

次に，ツーリーディングシュー式を**図4-10**に示す．

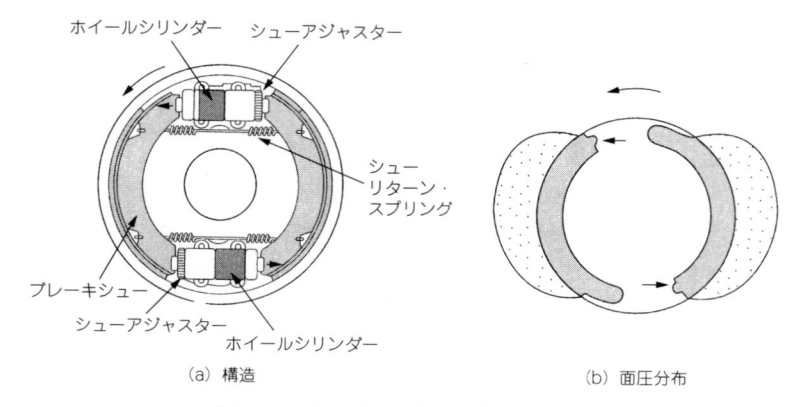

図4-10 ツーリーディングシュー式[8)]

(a) 構造　　(b) 面圧分布

2個のホイールシリンダーを用いて，2つのシューを，どちらもリーディングシューとなるようにしたものである．

次に，デュオサーボ式を**図4-11**示す．

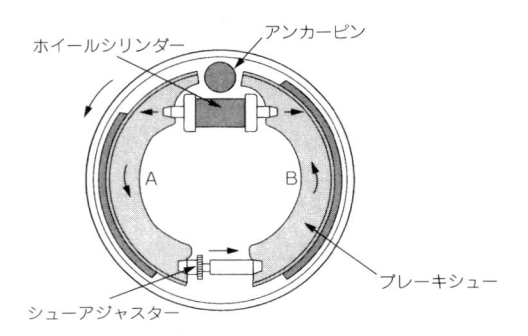

図 4-11　デュオサーボ式[8)]

　2つのピストンを設けたホイールシリンダーを1個使用し，2つのシューがともにリーディングシューとして作用するようにしたものである。リーディングシューが摩擦力によりシューアジャスターを押し，他のシューに力を作用する。
　一方，アンカーピンで他端は固定されるので，こちら側のシューもドラムの回転により，自己倍力作用が得られることになり，どちらもリーディングシューとして作用することになる。

(a)エアー油圧式ブレーキ（複合ブレーキ）
　エアー油圧式ブレーキ（複合ブレーキ）は，**図 4-12** のようにエアータン

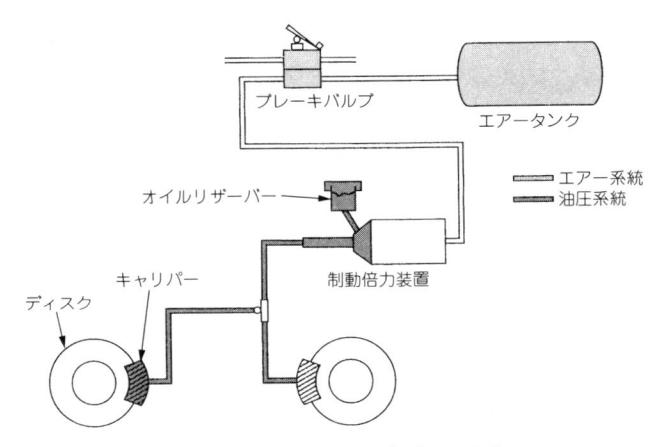

図 4-12　エアー油圧式ブレーキ[8)]

クからのエアーを倍力装置により増圧し，さらにエアー圧を油圧に変換して作用させるものである．軽い踏力で大きな制動力が得られるので，大型車両に適用されるケースが多い．

(b) エアー式ブレーキ

エアー式ブレーキは図4-13のように，すべてエアーにより行っているものである．エアータンクからのエアーにより，ブレーキチャンバーが作動し，ドラムブレーキのブレーキシューを押し広げ，制動力を得る．エアー式のため，配管の自由度が大きく，大型トレーラーに適用されるケースが多い．

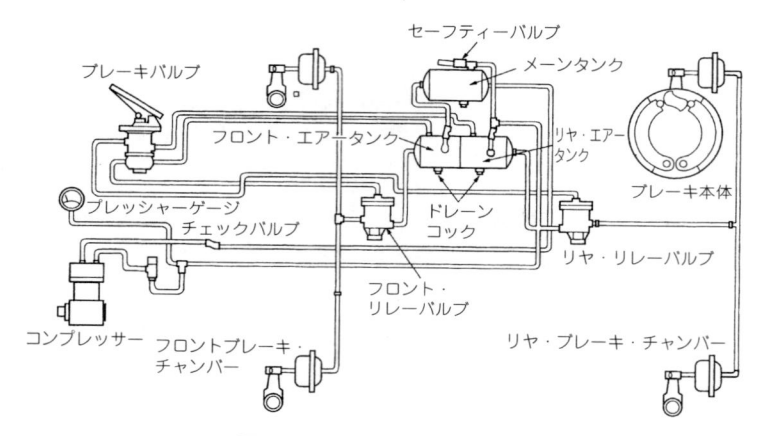

図4-13　エアー式ブレーキ[8]

③ パーキングブレーキ

駐車時のブレーキは，前述の主ブレーキのほかに必要なもので，機械式機構による伝達方式を採っている（図4-14）．

ドラム式は図4-15のように，フットブレーキのシューを兼用したものが主で，フレキシブルワイヤを引くとブレーキシュー・レバーが引かれ，シューストラットを介して2つのシューが拡がり，シューをドラムに圧着して制動力を得ている．

ディスクブレーキの場合のパーキングブレーキは，図4-16のように，キャリパーに操作機構を組み込み，機械的にピストンを押し，パッドを圧着させるディスク式と，図4-17のように，ディスクの一部にドラムブレーキを

ブレーキ装置

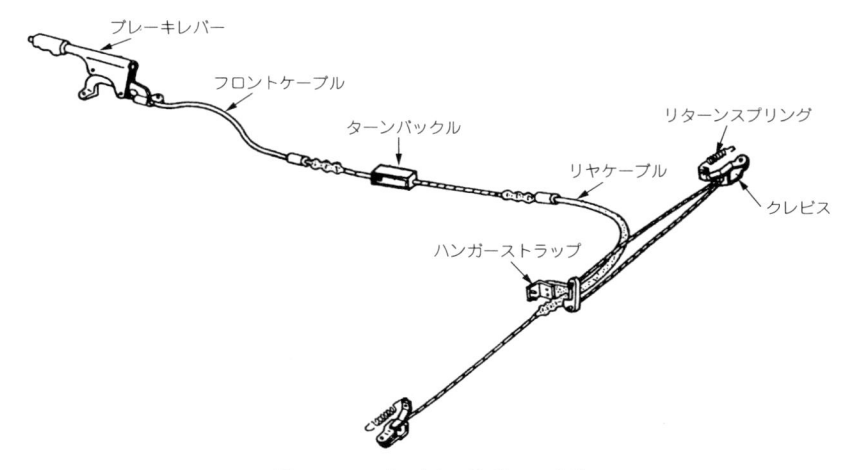

図 4-14　パーキングブレーキ[8)]

図 4-15　ドラム式[8)]

図 4-16　ディスク式[8)]

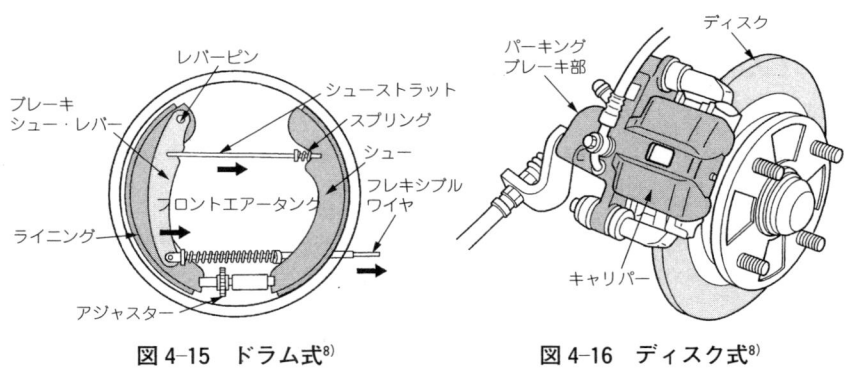

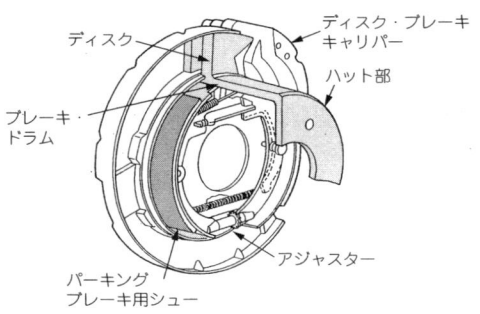

図 4-17　ドラムインディスク式[8)]

組み込んだドラムインディスク式がある。

(3) **補助ブレーキ**

特に大型車両では，熱による制動性能の低下を防止するために，摩擦力を利用しない台のブレーキ（補助ブレーキ）が必要になる。減速ブレーキ（リターダー）には，排気ブレーキ（エキゾーストブレーキ），電磁ブレーキ（エディカレントリターダー），流体ブレーキ（流体式リターダー）がある。

排気ブレーキ（エキゾーストブレーキ）は，エキゾーストパイプ内の排気圧力を高め，エンジンブレーキ効果を強めたものである。また電磁ブレーキ（エディカレントリターダー）は，渦電流の特性を利用したものであり，トランスミッションに組み込まれ，プロペラシャフトの回転を減速させて，ブレーキ効果を出している。流体ブレーキ（流体式リターダー）は，トランスミッションの後部などに取り付けられ，回転するローターは，作動油が回転抵抗となり，ローターの回転速度が減じられ，ブレーキ効果を出している。一部を次に詳述する。

① エキゾーストブレーキの作動原理と具体例

エキゾーストブレーキの作動原理は，**図4-18** のように，エンジンの排気工程において，エキゾーストパイプ内にエキゾースト・ブレーキバルブを設け，これを閉じることにより，排気抵抗を増し，回転抵抗を増大させ，制動に利用するというものである。

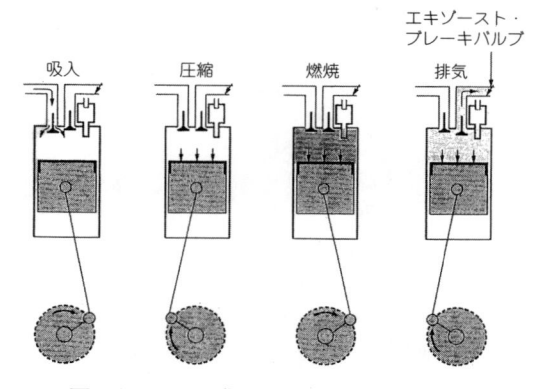

図4-18　エキゾーストブレーキの原理[8]

ブレーキ装置

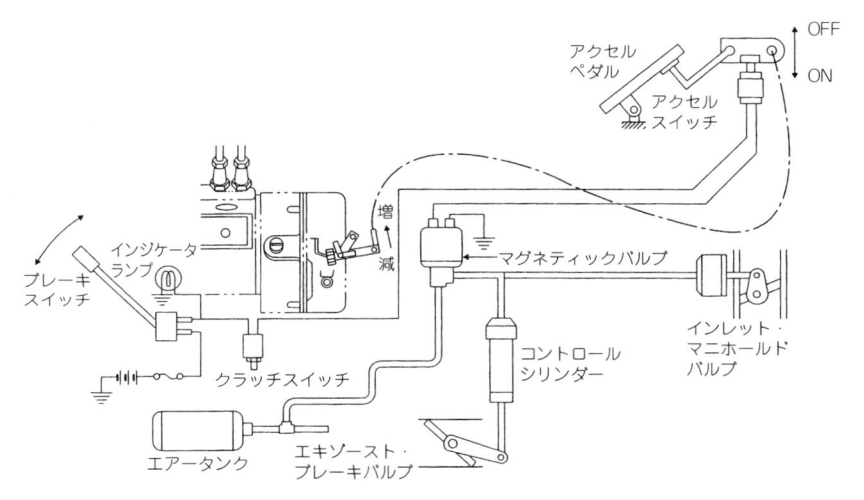

図4-19 電気空気圧式エキゾーストブレーキ[8]

　具体例として，一般的に多く採用されている電気空気式エキゾーストブレーキについて記述する。構成は**図4-19**のように，ブレーキスイッチ，アクセルスイッチ，クラッチスイッチ，マグネティックバルブ，コントロールシリンダー，エキゾースト・ブレーキバルブ，インレット・マニホールドバルブ等からなる。エキゾーストは，ブレーキスイッチがONになっており，かつアクセルペダルより足を離しており，クラッチペダルより足を離している条件となった時に作動する。

②エディカレントリターダーの作動原理と具体例

　エディカレントリターダーの作動原理は，**図4-20**のように，磁束線の中でローターを回転させると，電磁誘導作用により，ローター内に渦電流が発生する。ローター内に渦電流が発生すると，この電流によって新たな磁力が発生し，この磁力は，ローターの回転とは逆の方向に作用し，ローターの回転にブレーキをかけるというものである。

　具体例を**図4-21**に示す。プロペラシャフトと一体回転するローターと，トランスミッションに固定され，電流を流して磁束を発生させる電磁石より構成される。走行中，リターダースイッチを入れ，作動状態にすると，コイ

第4章 制動性能

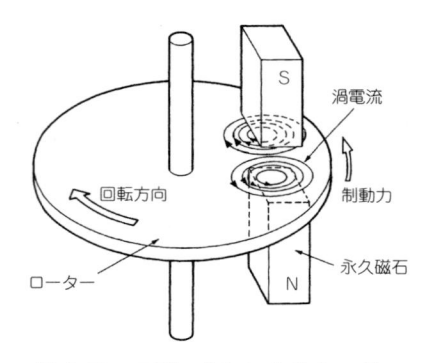

図4-20 エディカレントリターダーの原理[8]

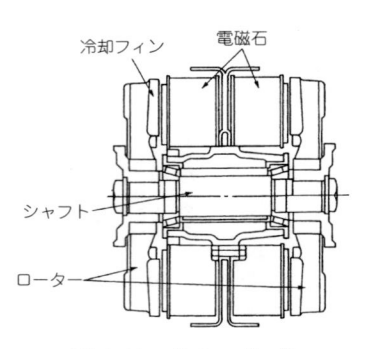

図4-21 リターダー[8]

ルに電流が流れて磁束が発生し，回転している前後のローターに渦電流が発生する。渦電流が発生すると，ローターには磁力の作用により制動力が発生し，これがプロペラシャフトに伝えられて減速する。

(4) 補助動力装置

図4-22は真空式制動倍力装置の作動原理を示すもので，ブレーキペダルを踏むと，バキュームバルブが閉じてエアーバルブが開き，パワーシリンダーB室に大気が流入する。この時，パワーシリンダーA室は負圧なので，パワーピストンの両側には圧力差が生じ，パワーピストンを左に押し，プッシュロッドに伝わり，マスターシリンダーのピストンを押す。したがって，

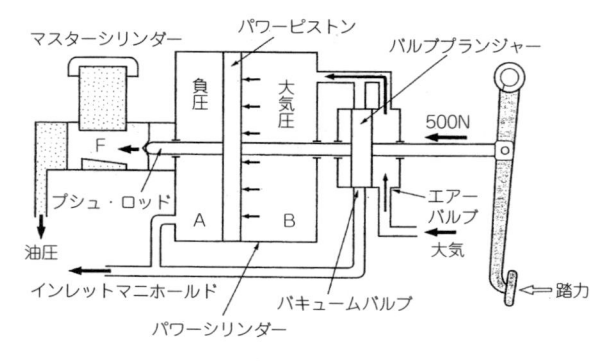

図4-22 真空式制動倍力装置[8]

ブレーキペダルからの力に，パワーピストンに作用した圧力差の力が加わる形となり，踏力より得られる力以上の大きな力が，プッシュロッドに伝わることになる。

(5) 方向安定性

方向安定性においては，4輪の制動力配分のバランスが重要である。前後配分を調整する装置として，プロポーショニングバルブなどの前後配分調整装置がある。すなわち，前輪の制動力の増加に対して，後輪の制動力の増加割合を小さくし，後輪が簡単にロックしないように，前輪と後輪の制動油圧をコントロールするものである。

これは，カット点からシリンダー有効面積を変え，前輪には入力油圧をそのまま，後輪には油圧を比例的に下げる方式で，図4-23のような特性を有する。構造は，各メーカーにより種々のものが存在するが，基本原理は，図4-24のような差圧ピストンを利用したものである。すなわち，カット点まではスプリング反力により，ピストンは右側に押され，その結果，マスターシリンダーの油圧は，前輪と同様に後輪にもそのまま加わる。一方，油圧が高まると，ピストンの右端面から逆に油圧反力を受け，ピストンは左側に押され，バルブが閉まりぎみになり，スプリング反力と油圧反力の関係で，バルブは微妙な開閉となる。その結果，後輪への入力油圧は，前輪側に比べ低くなる。その結果，図4-23のような特性を有することになる。

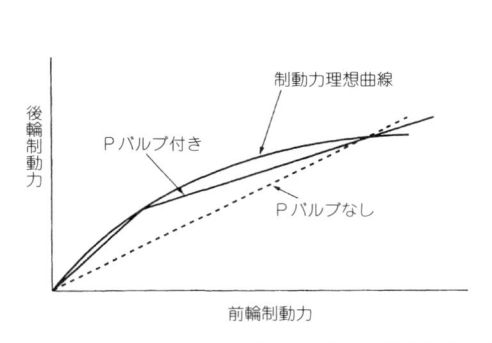

図4-23　プロポーショニングバルブの制御特性[8]　　図4-24　プロポーショニングバルブの原理[2]

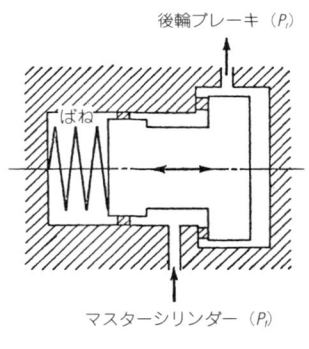

(6) フェールセーフ

フェールセーフとは，万一装置に故障が生じた時でも，重大な事故にならないシステムを示し，安全性を確保するために，非常に重要なものである。鉄道を例に採ると，エアーブレーキのエアー圧が低下すると，自動的にスプリングブレーキがかかり，停車させるシステム等である。

車両における例として，ブレーキ配管はX字配管をしており，片方の配管等に液漏れが生じても，他方の配管の作動力を倍増させることで，ブレーキの効きの低下を補うものである（図 4-25）。

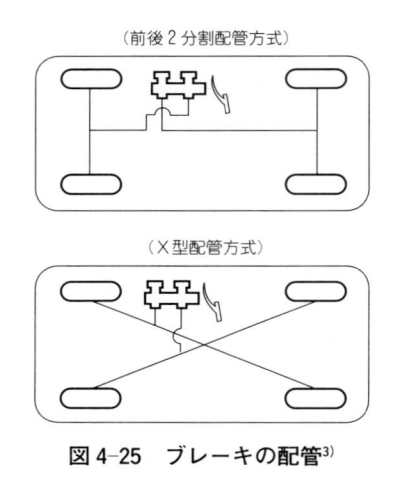

（前後2分割配管方式）

（X型配管方式）

図 4-25　ブレーキの配管[3]

4.2　制動力学

制動力の計算，制動力の前後配分比，制動能力等について解説する。

4.2.1　制動力の計算

制動時には，車両の重心に作用する慣性力によるモーメントが発生し，この反力が前後輪の接地点に発生する（図 4-26）。したがって，次式が成り立つ。

制動力学

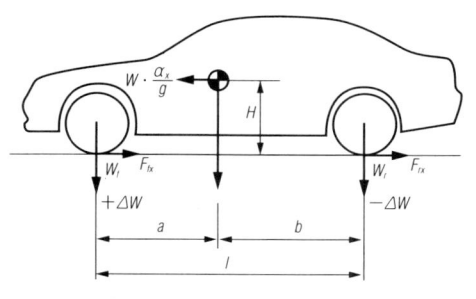

図 4-26 制動時の作用力

$$\Delta W l = m\alpha_x H \quad \cdots\cdots\cdots\cdots (4.6)$$

ここで，ΔW：荷重移動，m：車両質量，l：ホイールベース，
　　　　α_x：減速度，H：重心高
したがって，荷重移動 ΔW は下式となる。

$$\Delta W = \frac{m\alpha_x H}{l} \quad \cdots\cdots\cdots\cdots (4.7)$$

荷重移動が発生した時の前輪荷重 $W_f{'}$ および後輪荷重 $W_r{'}$ は，次のようになる。

$$W_f{'} = W_f + \Delta W = W_f + \frac{m\alpha_x H}{l} \quad \cdots\cdots\cdots\cdots (4.8)$$

$$W_r{'} = W_r - \Delta W = W_r - \frac{m\alpha_x H}{l} \quad \cdots\cdots\cdots\cdots (4.9)$$

ここで，W_f：静止時の前軸荷重，W_r：静止時の後軸荷重

制動時に前後輪が発揮できる最大制動力は，タイヤと路面間の摩擦係数から，次のようになる。

$$F_{fx} = \mu W_f{'} = \mu \left(W_f + \frac{m\alpha_x H}{l} \right) \quad \cdots\cdots\cdots\cdots (4.10)$$

$$F_{rx} = \mu W_r' = \mu \left(W_r - \frac{m\alpha_x H}{l} \right) \quad \cdots\cdots\cdots\cdots\cdots\cdots\cdots\cdots\cdots\cdots\cdots\cdots\cdots\cdots (4.11)$$

ここで，F_{fx}：前輪制動力，F_{rx}：後輪制動力，μ：タイヤと路面の摩擦係数
また，全制動力 F_x と摩擦力の関係は次のようになる．

$$F_x = F_{fx} + F_{rx} = \mu(W_f + W_r) = \mu W \quad \cdots\cdots\cdots\cdots\cdots\cdots\cdots\cdots\cdots\cdots (4.12)$$

一方，減速度 α_x が与えられた時の制動力 F_x は，次のようになる．

$$F_x = m\alpha_x = W\frac{\alpha_x}{g} \quad \cdots\cdots\cdots\cdots\cdots\cdots\cdots\cdots\cdots\cdots\cdots\cdots\cdots\cdots\cdots (4.13)$$

すなわち，式(4.6)，式(4.7)より，下式が成り立つ．

$$\frac{\alpha_x}{g} = \mu \quad \cdots\cdots\cdots\cdots\cdots\cdots\cdots\cdots\cdots\cdots\cdots\cdots\cdots\cdots\cdots\cdots\cdots\cdots\cdots\cdots (4.14)$$

したがって，摩擦係数 μ の路面における，前後輪の最大制動力は次のようになる．

$$F_{fx} = \frac{\alpha_x}{g} \left(W_f + \frac{m\alpha_x H}{l} \right) \quad \cdots\cdots\cdots\cdots\cdots\cdots\cdots\cdots\cdots\cdots\cdots\cdots (4.15)$$

$$F_{rx} = \frac{\alpha_x}{g} \left(W_r - \frac{m\alpha_x H}{l} \right) \quad \cdots\cdots\cdots\cdots\cdots\cdots\cdots\cdots\cdots\cdots\cdots\cdots (4.16)$$

この F_{fx}，F_{rx} は，ある路面状況下で出すことができる最大の減速度を得る制動力の配分であるので，理想制動力配分という．

4.2.2 制動力の前後配分比
(1) **制動力配分**

タイヤの μ-s 特性（横力・前後力）については，4.3節の**図 4-34** において説明を行っているように，ブレーキペダルを踏むと，制動力に見合ったス

リップ率が発生し，そのスリップ率の増加に対し，コーナリングフォースが増加勾配の領域では，安定した制動力と方向安定性が得られるが，滑りやすい路面や必要以上に強くブレーキを踏んだ場合は，摩擦力が負の勾配となり，一瞬のうちに，スリップ率100％（ロック状態）となり，方向安定性を失う。したがって，ロック状態を極力避けるような，制動力配分にする必要がある。

前項の式において，段階的に減速度 F_x を変え，その時の理想制動力配分を求めてみると，図 4-27 に示すような 2 次曲線になる。この曲線上に前後輪の制動力配分があれば，前後輪が同時にロックし，$\alpha_x = \mu \cdot g$ で与えられる減速度，言い換えればその路面における最大の減速度が得られることになる。

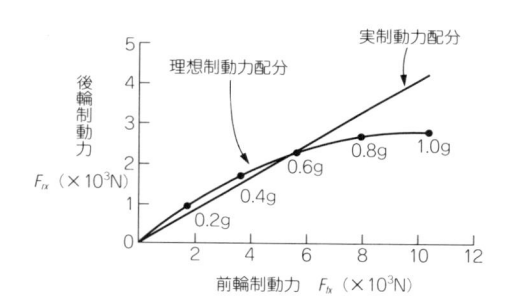

図 4-27 制動力の前後配分比

図 4-28 は，実際の急ブレーキ時の減速度の変化の例である。
次に，前輪ロック限界，後輪ロック限界を式で導くと次のようになる。
式(4.14)，式(4.15)より，

$$F_{fx} = \mu \left(W_f + \frac{m\alpha_x H}{l} \right)$$

式(4.12)より，$m\alpha_x = F_{fx} + F_{rx}$ とおくと，次式となる。

$$F_{fx} = \mu \left\{ W_f + (F_{fx} + F_{rx}) \frac{H}{l} \right\}$$

第 4 章　制動性能

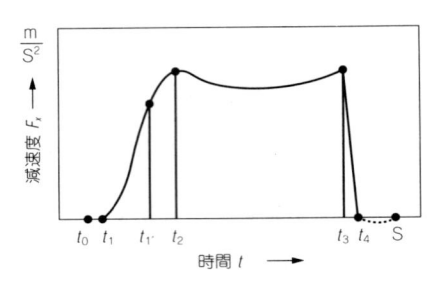

t_0 まで　：反応時間
t_0　　　：最初に作動力をかけた時点
t_1　　　：減速開始時間
$t_{1'}$　　：立ち上がり時間の終了時点
t_2　　　：最大減速度時点
t_3　　　：最大減速度の終了時点
t_4　　　：制動の終了時点（車両停止）
$t_1 - t_0$　：効き遅れ時間
$t_{1'} - t_1$　：立ち上がり時間
$t_3 - t_2$　：平均最大減速時間
$t_4 - t_1$　：実制動時間
$t_4 - t_0$　：制動時間

図 4–28　実際の急ブレーキ時の減速度の変化の例[9]

$$= \mu W_f + F_{fx}\left(\mu \frac{H}{l}\right) + F_{rx}\left(\mu \frac{H}{l}\right)$$

式を整理して,

$$\left(1 - \mu \frac{H}{l}\right) F_{fx} = F_{rx}\left(\mu \frac{H}{l}\right) + \mu W_f$$

したがって,

$$F_{rx} = F_{fx}\left(\frac{l}{\mu H} - 1\right) - \frac{l}{H} W_f \quad \cdots\cdots\cdots\cdots\cdots (4.17)$$

同様にして，式(4.14)，式(4.16)より,

$$F_{rx} = \mu\left(W_r - \frac{m\alpha_x H}{l}\right)$$

式(4.12)より，$m\alpha_x = F_{fx} + F_{rx}$ とおくと，

$$F_{rx} = \mu W_r - F_{fx}\left(\mu\frac{H}{l}\right) - F_{rx}\left(\mu\frac{H}{l}\right)$$

式を整理して，

$$\left(1 + \mu\frac{H}{l}\right)F_{rx} = -F_{fx}\left(\mu\frac{H}{l}\right) + \mu W_r$$

したがって，

$$F_{rx} = -F_{fx}\left(\frac{1}{\dfrac{l}{\mu H}+1}\right) + \frac{1}{\dfrac{1}{\mu}+\dfrac{H}{l}}W_r \quad \cdots\cdots\cdots\cdots\cdots (4.18)$$

式(4.17)と式(4.18)を用い，次の車両諸元を代入すると，**図4-29**のようなロック限界線を描くことができる。

$W_f : 16,900\,[\mathrm{N}]$，$W_r : 25,100\,[\mathrm{N}]$，$H : 1.010\,[\mathrm{m}]$，$l : 2.470\,[\mathrm{m}]$

この図から，理想制動力配分線上では，摩擦係数の異なる路面でも，前後輪同時にタイヤがロックし，路面から得られる車両制動力も最大となることがわかる。

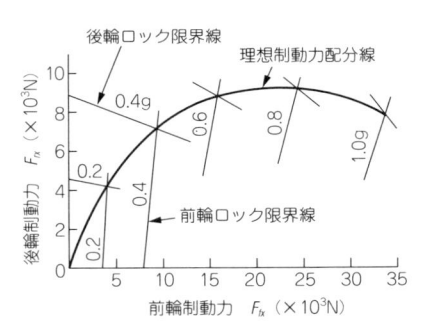

$W_f : 16{,}900\mathrm{N}$, $W_r : 25{,}100\mathrm{N}$, $H : 1.010\mathrm{m}$, $l : 2.470\mathrm{m}$

図4-29 前後輪のロック限界線[5]

(2) 前後配分曲線を用いた配分検討例

実際の制動力配分は，ブレーキ機構，ホイールシリンダー径などにより決まってしまうので，そのままでは，図 4-27 に示すような直線となってしまう。

すなわち，滑りやすい，路面 μ が低い状態において，減速度の低い領域では，前輪の実制動力が理論制動力配分より大きくなり，つまり前輪タイヤが発生する制動力が，摩擦力を超えてしまうので，前輪がロックして，前輪の舵は効かない状態となり，直進状態となる。

この逆の場合，すなわち減速度の高い領域では，後輪の実制動力が理論制動力配分より大きくなり後輪が先にロックすることになる。これがコーナリング中であるとすると，車両はスピンを起こす等，危険な状態となる。

したがって実制動力配分は，理論制動力配分より下側にして，後輪が先にロックしないように設定する必要がある。

(3) 調整装置

以上のような問題点を解決するため，実制動力配分を理想制動力配分に近づける必要があり，各種調整装置がある。

① プロポーショニングバルブ

この装置は，後輪のブレーキ装置に加わる液圧を制御するもので，後輪の液圧がある一定値を超えると，液圧の上昇の割合を抑えるようにバルブが作動する。したがって，折れ線状になる。

すなわち，プロポーショニングバルブは前後輪の制動力の関係を，理想制動力配分に近い状態とするため，前輪の制動油圧の増加割合に対して，後輪の制動油圧の増加割合を小さくするように作用しているものである。これにより，後輪がロックして，スピンに至る等の危険を回避させている。

具体的には，良い実制動力配分は図 4-30(a) に示すように，理想制動力に近づいた折れ線で，かつ下側の領域となる。この場合はスピンが回避でき，かつ，路面から得られる車両制動力も最大に近くなる。一方，悪い実制動力配分は図 4-30(b) に示すように，理想制動力に近づいた折れ線であっても，理想制動力に対し，上側の領域にある場合で，路面から得られる車両制動力も最大に近いが，前輪よりも先に後輪がロックし，スピンの危険がある。

制動力学

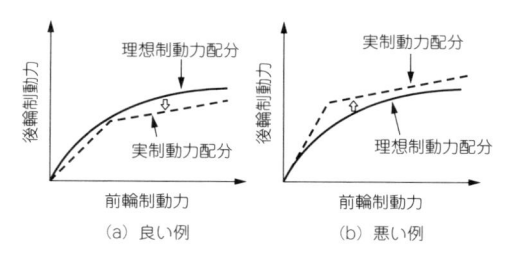

図 4-30(a)(b)　制動力配分の良い例,悪い例(プロポーションバルブ作動時)

②ロードセンシング・バルブ

　理想配分曲線は，空車〜積車差があると変化する。例えば，トラックの場合では空車〜積車で，理想配分曲線は図 4-31 のようになる。そこでその対策方法として，ロードセンシング・プロポーショニングバルブがある。これは，車両重量の変動に応じて，作動開始点を変化させる機能を持ち，作動後は後輪の液圧（制動力）が一定値に制御される。図 4-31 のような特性を持ち，トラックに用いられている。

③Gバルブ

　作動開始点が車両の減速度によって決められ，作動点以降は，プロポーションバルブとして作動する。減速度で作動点を制御しているため，図 4-32

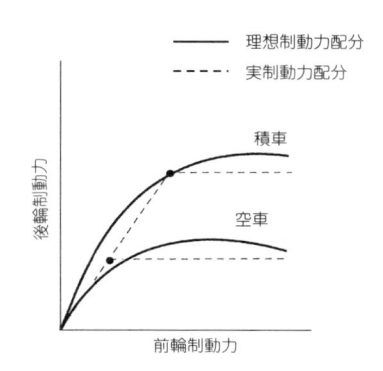

図 4-31　空積車時の理想配分曲線
　　　　〜ロードセンシング・プロポーションバルブ作動時の配分特性[8]

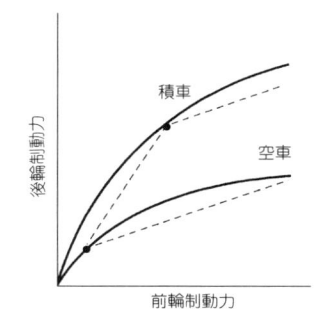

図 4-32　空積車時の理想配分曲線
　　　　〜Gバルブ作動時の配分特性[8]

に示すように，実制動力配分は車両重量に応じて変化するように作動するので，主に小型トラックに用いられる。

4.2.3 制動能力

制動力が作用すると，タイヤのスリップ限界の範囲内で，車両は慣性力の法則によって，制動距離が決まってくる。

減速度は，慣性力の法則によって次式となる。

$$\alpha_x = \frac{F_x}{m} \quad \cdots\cdots\cdots\cdots\cdots\cdots\cdots\cdots\cdots\cdots\cdots\cdots\cdots\cdots\cdots\cdots (4.19)$$

ここで，α_x：減速度 [m/s²]，m：車両質量 [kg]，F_x：制動力 [N]

一定の減速度の制動において，速度の変化は次式となる。

$$V_0 = \alpha_x t \quad \cdots\cdots\cdots\cdots\cdots\cdots\cdots\cdots\cdots\cdots\cdots\cdots\cdots\cdots\cdots\cdots (4.20)$$

ここで，V_0：制動初速度 [m/s]，α_x：減速度 [m/s²]，t：制動時間 [s]

したがって，制動時間は，次式となる。

$$t = \frac{V_0}{\alpha_x} \quad \cdots\cdots\cdots\cdots\cdots\cdots\cdots\cdots\cdots\cdots\cdots\cdots\cdots\cdots\cdots\cdots (4.21)$$

制動距離 S は，平均速度と制動時間から次式となる。

$$S = V_m t = \frac{V_0}{2} t \quad \cdots\cdots\cdots\cdots\cdots\cdots\cdots\cdots\cdots\cdots\cdots\cdots\cdots\cdots (4.22)$$

ここで，S：制動距離 [m]，V_m：平均速度 [m/s]，t：制動時間 [s]

制動距離は，式(4.20)，式(4.22)から次のように表すことができる。

$$S = \frac{1}{2}\alpha_x t^2 \quad \cdots\cdots\cdots\cdots\cdots\cdots\cdots\cdots\cdots\cdots\cdots\cdots\cdots\cdots\cdots (4.23)$$

停止距離とは，制動距離と空走距離を加算したものである。すなわち，次式で表される。

停止距離＝制動距離＋空走距離
（空走距離＝制動開始までの速度×空走時間）

ここで空走時間とは，ブレーキをかけようとしてから実際にブレーキが作動するまでの時間の遅れを示している。

これらの関係を図 4-33 に示す。この図は急制動時における，時間と減速度の関係を示している。アクセルから足を離し，ブレーキを踏み込んで減速開始までの時間（踏替時間＋踏込時間）より空走時間が求められ，制動距離は減速の時間（減速の過渡時間＋主要時間）より求められる。

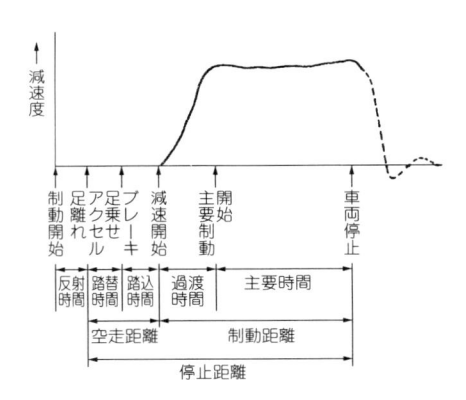

図 4-33　減速度の時系列波形〜停止距離等の関係[3]

4.3　制動性能の制御装置

(1) ABS の作動原理

急制動時や，滑りやすい路面状況で制動した時は，車輪はロックしやすく，制動距離が長くなってしまい，さらに車両の安定性も損なわれる。

ABS（アンチロック・ブレーキ・システム）は，電子制御によりブレーキの液圧をコントロールして，制動力で4輪がロックしないようにしながら，制動距離を短く，また方向安定性を確保するようにしている。

次に ABS システムについて，その作動メカニズムを述べる。

タイヤと路面間の滑りの度合いは，スリップ率 s で表される。

第 4 章　制動性能

$$\text{スリップ率 } s = \frac{\text{車両速度} - \text{車輪速度}}{\text{車両速度}} \quad\cdots\cdots\cdots\cdots\cdots\cdots (4.24)$$

　車輪がまったく滑らない状態では，スリップ率は 0 である。車輪がロックして，車両が滑っている状態では，スリップ率は 1 である。
　図 4-34 にスリップ率 s と摩擦係数 μ，そして，コーナリングフォース CF の関係を示す。ブレーキを強く踏むと，スリップ率が大きくなっていく。一方，摩擦係数 μ が最大となるのは，スリップ率 s が 0.15～0.3 付近であり，スリップ率 s が 1.0 すなわち車輪がロックしている状態では，摩擦係数 μ は低下する。
　そこで，ABS システムでは，スリップ率 s が 0.15～0.3 付近に自動コントロールして，制動距離が短くなるようにしている。

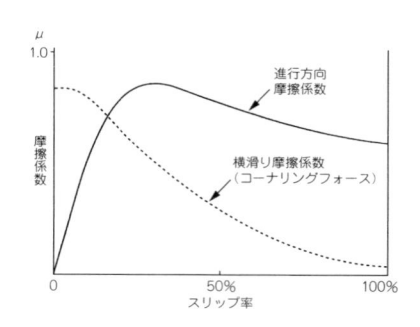

図 4-34　スリップ率と摩擦係数

(2) **ABS の構成**

　図 4-35 は，ABS システムの構成を示す。
　ABS システムは車輪回転センサ，コントロールユニット，アクチュエーターから構成されている。車輪回転センサーで検出された信号が，コントロールユニットに送られ，コントローラーでは 4 輪の回転速度差からスリップ率を算出し，アクチュエーターへ作動信号を送る。アクチュエーターは，ブレーキの液圧をコントロールする。ABS システムはこのような流れで，適正な制動力が得られるようにしている。

制動性能の制御装置

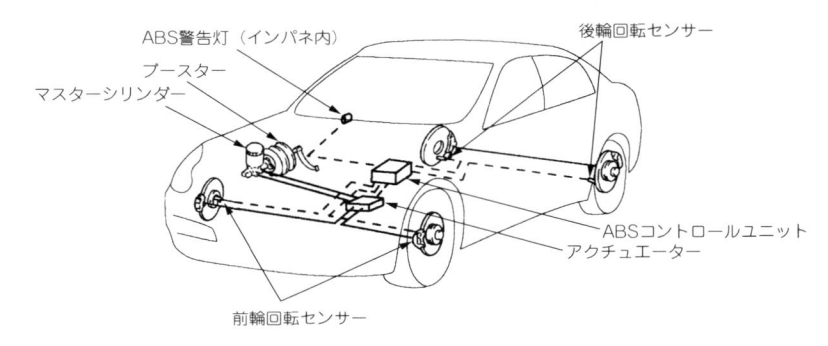

図 4-35　ABS システムの構成

次に，ABS システムの主要構成について述べる。
①車輪回転センサー
　前後輪には，おのおのローターと，車輪回転センサーが装着されている。センサー部は，磁石にコイルが巻かれており，磁束を発生させている。一方，ローターの山，谷で磁石先端のすきまが変化し，磁束が変化する。これが起電力になる。車輪の回転速度に応じた周期的起電力を得ることができ，これをコントロールユニットに送る。
②ABS コントロールユニット
　各センサーからの信号をパルス信号に変換し，その信号から車輪の速度，加速度，減速度を計算し，その傾向カーブによって，車両速度の推定値を求める。この車両速度の推定値と車輪の速度を比較して，スリップ率を求めている。コントロールユニットは車輪の加速度，減速度，そしてスリップ率に基づき，ブレーキ液圧を一定にする保持信号，あるいは増圧信号，減圧信号を適切にアクチュエーターに出力する。
　また，ABS システムに異常が発生した場合は，通常ブレーキ状態に戻すフェールセーフ機能や，ポンプモーターやウォーニングランプを作動させるための駆動回路も組み込まれている。
③アクチュエーター
　コントロールユニットからの信号により，ブレーキの液圧に対する増圧，減圧，保持の制御を行う。

第4章 制動性能

(a)増圧および通常ブレーキ時

ソレノイドバルブに電流が流れないため，図 4-36 のようにインレットポートが開いており，マスターシリンダーの液圧は，電磁弁を通りホイールシリンダーにかかる。

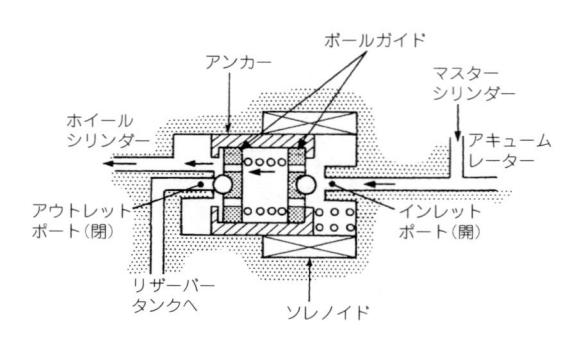

図 4-36 増圧および通常ブレーキ時[10]

(b)保持時

ソレノイドバルブは通電され，図 4-37 のようにアーマチュアが移動し，インレットポート，アウトレットポートの両方が閉まり，液圧は保持される。

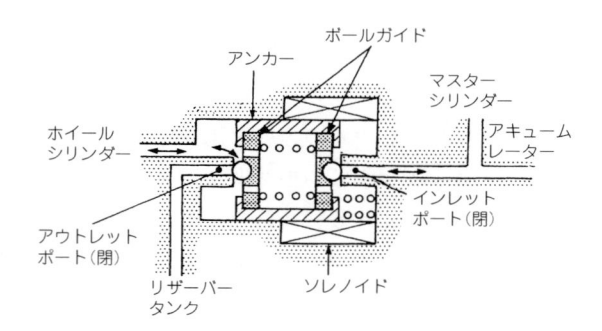

図 4-37 保持時[10]

(c)減圧時

ソレノイドバルブは通電され，図 4-38 のようにアーマチュアは，右へさらに吸引されるので，アウトレットポートのみ開き，ホイールシリンダーの

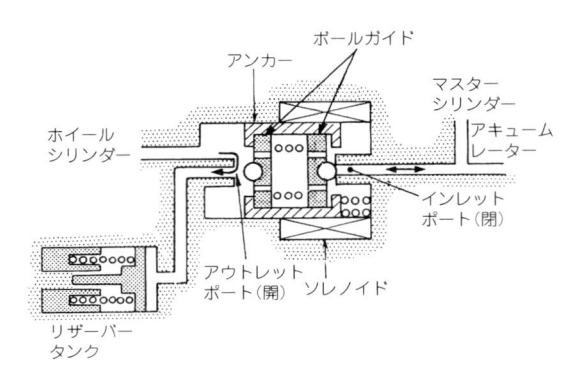

図 4-38　減圧時[10]

ブレーキ液は，リザーバータンクへと流れ，液圧は減圧される。

4.4　効きの安定性

4.4.1　フェード

　一般に摩擦材は，ブレーキ温度の上昇により摩擦係数が低下し，制動力が低下する。図 4-39 は，摩擦材の温度特性を示す。このため，連続降坂時における制動の繰り返し，あるいは高速からの制動などにより，摩擦材の温度が上昇してブレーキの効きが低下する。これをフェード現象と呼ぶ。

　フェード状態から制動のインターバルを長く使用していると，徐々にフェード前の効きに復帰していく。これをフェードリカバリーと呼ぶ。

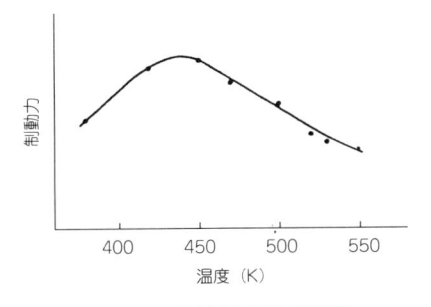

図 4-39　摩擦材の温度特性

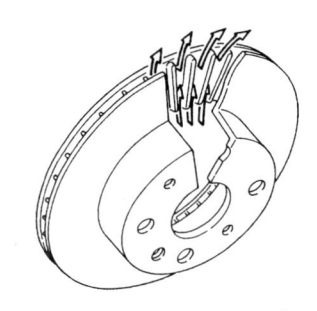

図 4-40　ベンチレーテッド・ディスク[3]

フェードを減少させるためには，摩擦材の温度特性改良のほかに，摩擦部の温度上昇を抑えることが必要で，ドラムまたはローターの径，幅を大きくして熱容量を増やしたり，冷却性を良くする等の方法がある。ディスクやドラムの放熱性を良くする例を示す。ベンチレーテッド・ディスクは図4-40のように，通風孔を放射上に設けることにより，ソリッドタイプに比べ，冷却性能が優れ，パッドの寿命も長くなっている。ドラムの場合は放熱を良くし，熱膨張による変形の少ない形状，材質を用い，ライニングは温度上昇によっても，摩擦係数の変化の少ないものを用いる必要がある。そのほか，運動エネルギーをエンジンブレーキやリターダー等の利用により吸収することも，有効な手段である。

4.4.2　ウォーターフェード

摩擦面が濡れると，水の潤滑作用により摩擦係数が急に減少し，ブレーキの効きが低下する。この現象をウォーターフェード現象と呼ぶ。片輪のみ水につかった場合は，これによりブレーキ時に方向性を失う危険がある。ウォーターフェードは，ブレーキを使う過程で発生する熱により乾燥するにつれ，徐々に浸水前の効きに復帰する。これをウォーターリカバリーと呼ぶ。

4.4.3　ペーパーロック

ペーパーロック現象は，ブレーキを多用したような場合，パッドとディスクローターとの摩擦熱で，ブレーキ装置が高温となり，ブレーキ液の沸点の関係から，一部が気化して，配管内に空気が入ると同様に，送油または圧力伝達ができなくなる現象のことを示す。この現象は，連続長坂路の下りで繰り返し，ブレーキを多用した場合に起こりやすく，連続走行して停止後の放置状態では風速による冷却効果がないため，さらに温度が上昇して発生する場合もある。

ペーパーロックを防止するには，ブレーキ装置に高熱が発生しないように注意するとともに，沸点の高いブレーキオイルを使用することが大切である。

第4章演習問題

(1) 車両重量 15,000 N(フロント重量:8,000 N, リヤ重量:7,000 N)とすると, ブレーキングの(最大)前後加速度 0.8 G, 重心高 0.4 m, ホイールベース 2.6 m の場合, 前後のバランスのとれたフロント制動力配分は何%か?(補足:通常はこの%以上として, ブレーキング時もアンダーステアを保っている)

(2) P図 4-1 に示すブロックブレーキで, ブレーキドラムには, $T = 20$ Nm のトルクが作用している。摩擦係数 $\mu = 0.25$ であると仮定して, 回転方向が右回りの時と左回りの時の, てこに加える力 F_h をおのおの求めよ。ただし, $a = 1,000$ mm, $b = 300$ mm, $c = 50$ mm, ブレーキドラムの直径 $D = 350$ mm とする。

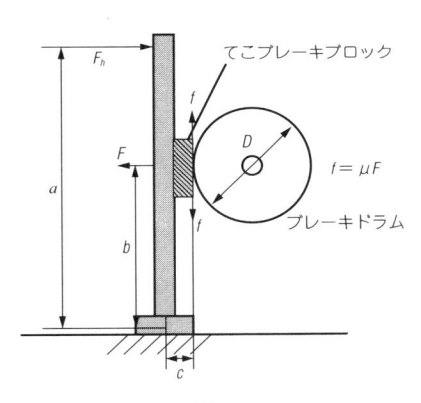

P図 4-1

第5章　走行抵抗と動力性能

5.1　走行抵抗

　自動車が走行する時，その運動を妨げようとする力が働く。これらの力を走行抵抗と呼んでいる。

　自動車の動力機関は，走行抵抗に打ち勝つために駆動力を，動力伝達装置（変速機等）を通じ伝えている。

5.1.1　転がり抵抗

　転がり抵抗は，車輪が水平面上を転がる時に起こる抵抗である。タイヤは剛体と仮定すれば，変形しないので抵抗を生じないが，実際は弾性体であるので，変形し，したがって抵抗を発生する。

　転がり抵抗の発生原因は，①タイヤ転動時のひずみによる抵抗，②路面のひずみによる抵抗，③路面の凹凸による抵抗，④車輪軸受の摩擦抵抗等である。①タイヤ転動時のひずみによる抵抗は，図5-1に示すように，車輪が転動している時には，圧力分布は接地中心より前側の圧力分布の方が，後ろ側よりも大きくなる。その結果 $W \cdot a$ というモーメントが生じて，回転を続け

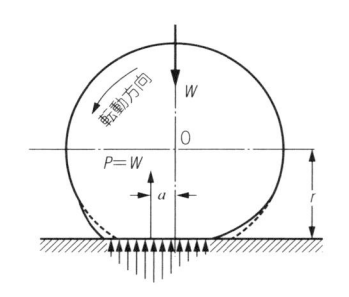

図5-1　タイヤのひずみによる抵抗[2)] 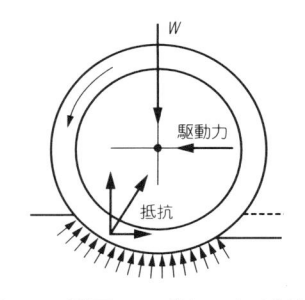　　　図5-2　路面のひずみによる抵抗[2)]

るためには，これに等しいモーメントを転動方向に加える必要がある。②路面のひずみによる抵抗は，**図 5-2** に示すように，路面が軟弱であったり，また平滑でなかったりする場合においては，タイヤの接地面に垂直な圧力の合力は，車両の進行方向に逆向きの成分を持ち，これが転がり抵抗として加わる。

以上のように，転がり抵抗には，種々の性質の異なったものを含んでいるが，タイヤに加えられた荷重と，ころがり抵抗 R_r はほぼ比例関係と見なせるので，次式が成り立つ。

$$R_r = \mu_r \cdot W \tag{5.1}$$

ここで，W：車両重量，μ_r：転がり抵抗係数

μ_r は，アスファルトまたはコンクリート路面で約 0.015，砂地で約 0.25 である。

また，タイヤ圧を小さくするほど μ_r は大きくなる。

5.1.2 空気抵抗

空気力は，空気抵抗のほかに，揚力，横力，ヨーイングモーメントなどを発生し，高速時の安定性，操縦性に大きな影響を与える。

空気抵抗の構成は，①形状抵抗，②干渉抵抗（サイドミラー，モール，アンテナ等の突起物），③内部流抵抗（冷却風，換気流の抵抗），④誘導抵抗（揚力の発生抵抗）からなる。

総称して，空気抵抗 R_a は次式で表される。

$$R_a = C_D \cdot \rho \cdot S \cdot V^2 / 2 \tag{5.2}$$

ここで，C_D：空気抵抗係数（無次元），ρ：空気密度（0.125 [kgf/m^3]），
S：車両前面投影面積 [m^2]，V：対気速度（車速）[m/s]

また，空気抵抗を次式で表すこともある。

$$R_a = \mu_a \cdot S \cdot V^2 \tag{5.3}$$

ここで，μ_a：空気抵抗係数 [kg·m^2/(km/h)^2]

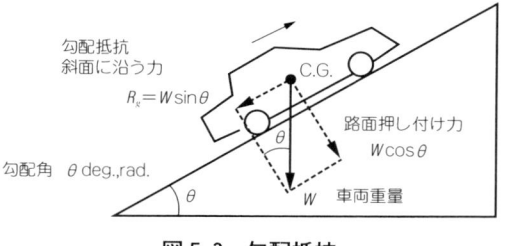

図 5-3 勾配抵抗

C_D とは $\mu_a = \dfrac{C_D \cdot \rho}{2 \cdot (3.6)^2}$ の関係にある。

5.1.3 勾配抵抗（登坂）

傾斜した路面を一定速度で登る時は，図 5-3 のように車に働く重力の斜面平行分力，$W\sin\theta \fallingdotseq W\tan\theta$ が勾配抵抗 R_g として作用する。

$$R_g = W\sin\theta \fallingdotseq W\tan\theta \quad \cdots\cdots\cdots\cdots\cdots\cdots\cdots\cdots\cdots\cdots\cdots\cdots (5.4)$$

5.1.4 加速抵抗

自動車が加速する時に限って生じる抵抗，つまり慣性抵抗を加速抵抗という。

慣性抵抗は，①動力伝達系（エンジンから駆動輪まで，および被駆動輪）の各部の回転部分の慣性抵抗（回転部分慣性モーメントに関係），②自動車を進行方向に加速，減速させるための直線運動の慣性抵抗（車両自体の質量に関係）の2つがある。

①の回転慣性抵抗は，回転慣性による抵抗だけ，ちょうど重量が増加したのと同じ効果の抵抗を受けることになる。したがって，加速抵抗 R_i は次式となる。

$$R_i = (W + \Delta W) \cdot \dfrac{\alpha}{g} \quad \cdots\cdots\cdots\cdots\cdots\cdots\cdots\cdots\cdots\cdots\cdots\cdots (5.5)$$

ここで，W：車両重量，ΔW：回転部分相当重量，α：加速度，g：重力加速度

そこで，全走行抵抗 R は次式となる。

$$R = R_r + R_a + R_g + R_i \quad\cdots\cdots\cdots (5.6)$$

5.2 動力性能

5.2.1 走行性能線図

エンジンの性能線図は，横軸にエンジン回転数，縦軸に馬力およびトルクをとるが，走行性能線図では，横軸に走行速度，縦軸に駆動力（駆動トルク，駆動馬力）および走行抵抗（走行トルク，走行抵抗馬力）をとっている。そしてエンジン回転数と走行速度との関係を示す。

(1) 走行抵抗線図

式(5.6)から全走行抵抗は求められるが，ここでは，一定速度で走行する場合であるので，加速抵抗 $R_i = 0$ とおいて，次式となる。

$$R = R_r + R_a + R_g = \mu_r W + \mu_a S V^2 + W \tan\theta \quad\cdots\cdots\cdots (5.7)$$

図5-4に示すような，走行抵抗と車速の関係線図となり，勾配 $\tan\theta$（0～40%）に対する，走行抵抗曲線となる。

(2) 駆動力線図

あるエンジン回転数に対する，エンジンが発生するトルク T からエンジンの駆動力 F_x は次式で求めることができる。

$$F_x = T \cdot i \cdot \eta_i / r \quad\cdots\cdots\cdots (5.8)$$

ここで，T：エンジンの駆動トルク，i：減速比，η_i：伝達効率，r：駆動輪タイヤ有効半径

図5-5に示すような，各変速段の駆動力と車速の関係線図となる。

(3) 速度線図

車速とエンジン回転数 n の関係は，次式となる。

動力性能

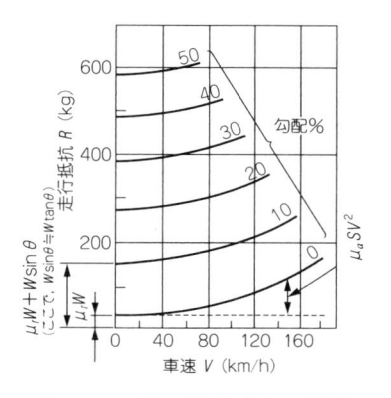

図 5-4 走行抵抗と車速の関係

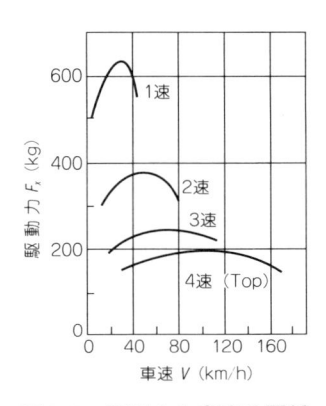

図 5-5 駆動力と車速の関係

$$n = 2.633 \times \frac{i_m \cdot i_f \cdot V}{r} \quad \cdots\cdots\cdots\cdots\cdots\cdots\cdots\cdots\cdots\cdots\cdots\cdots\cdots (5.9)$$

ここで，i_m：各変速歯車比，i_f：終減速比，V：車速，r：駆動輪のタイヤ有効半径

図 5-6 に示すような，各変速段のエンジン回転数と車速の関係線図となる。

(4) 走行性能線図

走行性能線図は，(1)走行抵抗線図，(2)駆動力線図，(3)速度線図の組み合わせで，図 5-7 に示すような関係線図となる。

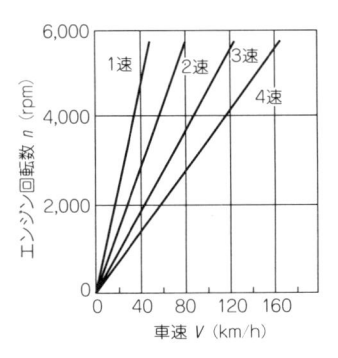

図 5-6 エンジン回転数と車速の関係

第 5 章　走行抵抗と動力性能

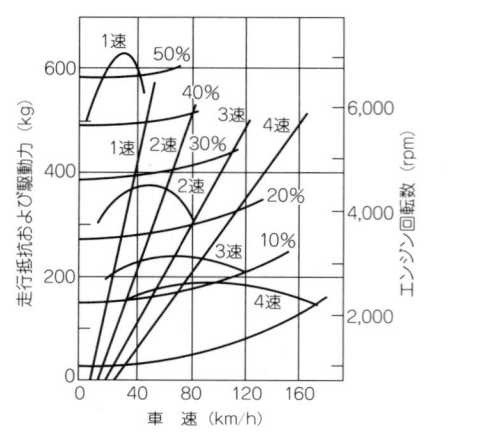

図 5-7　走行性能線図

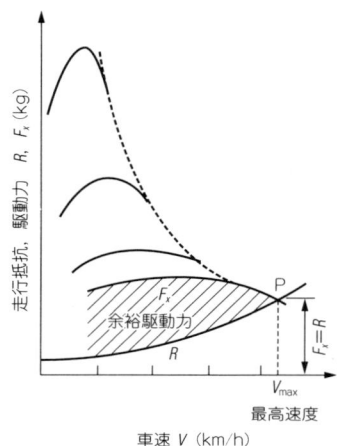

図 5-8　駆動力，余裕駆動力と走行抵抗力

(5) **余裕駆動力および最高速度**

図 5-8 に示す走行性能線図において，最高速段（トップギヤ）の駆動力線図（スロットルバルブ全開時）と水平平坦路（勾配 0%）の走行抵抗線図との交点 P より，最高速度 V_{max} が得られる。また図のハッチング部分は，余裕駆動力を示す。

5.2.2　加速性能

水平平坦路上で，余裕駆動力が全部加速のために使用されたとすれば，加速度 $\alpha\,[\mathrm{m/sec^2}]$ は，余裕駆動力を自動車の質量（回転部分相当重量を含む）で割れば求められる。すなわち次式となる。

$$\alpha = \frac{余裕駆動力}{全車両重量（回転部分相当重量を含む）} \times g \quad \cdots\cdots\cdots (5.10)$$
$$= g(F_x - R)/(W + \Delta W)$$

ここで，F_x：駆動力，R：全走行抵抗，g：重力加速度

5.2.3 燃料消費率

車速 V[km・h],走行抵抗 R の時,エンジンの所要出力 N_e[PS] は,次式となる。

$$N_e = \frac{R \times V}{75 \times 3.6 \times \eta_t} \quad \cdots\cdots\cdots\cdots\cdots\cdots\cdots\cdots\cdots\cdots\cdots\cdots\cdots\cdots\cdots\cdots\cdots\cdots\cdots (5.11)$$

ここで,η_t は伝達効率であり,走行抵抗は走行性能線図より求められる。

そして,走行性能線図より,車速 V[km・h] の時のエンジン回転数 n[rpm] を得る(**図 5-9**)。エンジン性能線図より,エンジンの出力 N_e[PS] の燃料消費率 b[g/PS・h] が得られる(**図 5-10**)。

1時間当たりの走行距離は V[km],1時間当たりの燃料消費量 $[l]$ は,$b \cdot N_e / 1,000\gamma$ となる。γ は燃料の比重量 [g/cc] である。したがって,自動車の燃料消費率 B[km/l] は次式となる。

$$B = \frac{V}{b \cdot N_e / 1,000\gamma} = \frac{1,000\gamma \cdot V}{b \cdot N_e} \ [\text{km}/l] \quad \cdots\cdots\cdots\cdots\cdots\cdots\cdots\cdots (5.12)$$

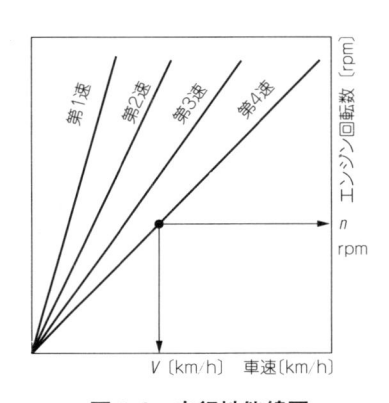

図 5-9　走行性能線図

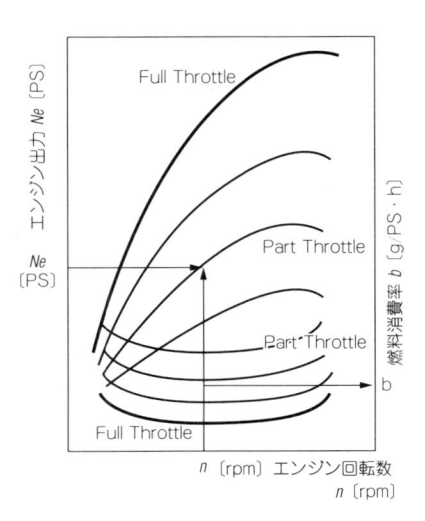

図 5-10　エンジン性能線図

5.3 惰行性能

　自動車が走行している時，クラッチを切ったり，変速機をニュートラルにして，エンジンからの動力を切ると，車速は走行抵抗のため，徐々に減少し，ある距離を走って停止する。このような運動を惰行という。
　惰行中に自動車に作用する走行抵抗 R は，減速度 α' より，次式で求められる。

$$R = (W + \Delta W')\alpha'/g \, [\text{kg}] \quad \cdots\cdots\cdots\cdots\cdots\cdots\cdots\cdots\cdots\cdots (5.13)$$

　水平路面を惰行させると，走行抵抗 R は転がり抵抗と空気抵抗を受けるだけであるので，次式となる。

$$R = R_r + R_a = \mu_r W + \mu_a S V^2 \quad \cdots\cdots\cdots\cdots\cdots\cdots\cdots\cdots (5.14)$$

　ここで，μ_r：転がり抵抗係数，μ_a：空気抵抗係数，S：車両前面投影面積

　惰行テストの目的は，減速度 α' を測定して，転がり抵抗 μ，空気抵抗 μ_a を求めることにある。
　具体的には，最初に車速測定として，連続測定2区間を設け，ある初速度で車両を惰行させ，それぞれの区間の通過走行所要時間を測定し，平均の減速度と平均の速度を求める。いろいろな初速で行った値を求めて図示すると，図 5-11 に示すように，V^2 に比例した曲線が得られる。さらに，式(5.13)より，平均の減速度に $(W + \Delta W')/g$ を掛けると，走行抵抗 R が求められ，図示すると，図 5-12 のようになる。直線に変換するため，走行抵抗 R を次式とした。

$$\left. \begin{array}{l} R = \mu_r W + \mu_a S V^2 = a + bV^2 \\ \text{ただし，} a = \mu_r W, \ b = \mu_a S \end{array} \right\} \quad \cdots\cdots\cdots\cdots\cdots\cdots (5.15)$$

　図 5-13 において，車速 $V = 0$ における直線の走行抵抗 R 軸上の切片 a は，

惰行性能

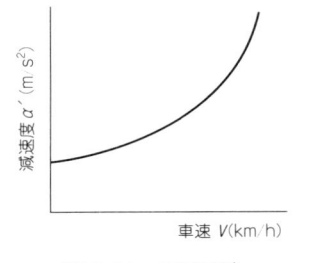

図 5-11　減速度[2)]

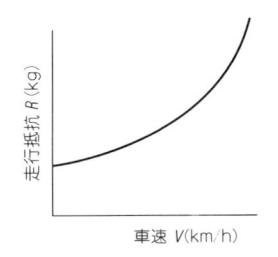

図 5-12　走行抵抗[2)]

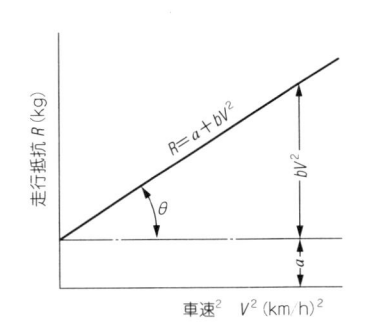

図 5-13　走行抵抗の内訳[2)]

$a = \mu_r W$ となり，転がり抵抗 $\mu_r = a/W$ が求まる。また，直線の傾き θ より，$\tan\theta = b = \mu_a S$，$\mu_a = b/S = \tan\theta/S$ となり，空気抵抗 μ_a が求まる。

第6章　新しい自動車技術

　本章では，これからの自動車技術として，環境，安全，情報，そして高齢化，ユニバーサルデザイン等のさまざまな動きやその課題について，記述を行っている。これらは，今後の自動車を考えるうえで，非常に大事になる分野（視点）と思われる。

6.1　一般

　自動車を取り巻く環境は，以下のように，さまざまな課題を抱えている。
　現在，国内で年間の使用済み自動車の発生量は500万台程度，シュレッダーダストの排出量70～80万t程度であり，重要な問題となっている。したがってこれからの自動車は，人と地球環境に対する配慮を持っていなければならない。地球環境を考え，リサイクルを設計段階から考える必要がある。例えば，プラスチック製容器包装のリサイクルの動きがある。廃プラスチックを熱分解により油化し，ディーゼルエンジン用の燃料を製造してしまうというリサイクルである。
　また，エネルギー消費の少ない技術，環境に優しい，クリーンな動力装置等が望まれている。クリーンな動力装置として，次項の新エネルギー自動車が発展していくことが予想される。
　一方，クルマに情報技術を採り入れて，生活行動を豊かに，そして安全で，初心者でもベテランドライバーのように運転できる技術等も望まれている。それに伴い，情報を多く取り込み，安全な走行をアシストする技術も，情報技術の発展とともに急速に発展してきている。
　以上のように，自動車技術のキーワードは，「環境」「安全」「情報」となっているようである。
　また，人–車–環境の調和を結び付けるものとして，IT（情報技術）がある。そのイメージを図6-1に示す。すなわち，この3者間の情報のやりとりが

第 6 章　新しい自動車技術

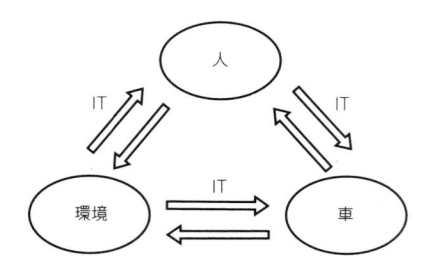

図 6-1　人-車-環境間のインターフェースとなる IT（情報技術）

今以上にできる仕組み（装置）が構築されると、さらに、この 3 者が調和していくと考えられる。例えば、ドライバーの生態情報を車両側がセンシングして、ドライバーへの警報を行うとか、視角の悪いコーナー等では、道路側から、車両接近等の情報が送られてくるとか、より高度な安全技術が IT の導入により、発展していくことが予想される。

6.2　新エネルギー自動車（ハイブリッド車，燃料電池式電気自動車）

(1) ハイブリッド車

　ハイブリッド自動車は、エンジンとモーターといった 2 種類の異なる動力源を搭載する自動車で、従来、制動時に捨てられていた運動エネルギーを、電気エネルギー等で回収し、加速時に使用することができる。渋滞の多い市街地走行時等で、従来に比べ、約 2 倍の燃費性能が実現できる。

　図 6-2 は、ハイブリッド自動車の仕組みについて示す。ミニバンに搭載した場合の例である。車両が発進すると、前輪と後輪を電動モーターで駆動する。すなわち、図 6-2 で B、C が作動する。そして、エンジンが効率的な回転域になると、エンジンが起動して、CVT（無段変速機）を通じて前輪を駆動する。すなわち、図 6-2 で A が作動する。加速時には、エンジンのほかにモーターを駆動して、4 輪駆動となる。

　また、リヤに 2 つのモーターを使う例もある。後輪は左右別々に電気制御して、駆動力を加えるという形である。リヤにモーターを 2 つ積むことで、左・右輪の回転差を吸収するためのデフ等の余計なシステムを入れることな

新エネルギー自動車（ハイブリッド車，燃料電池式電気自動車）

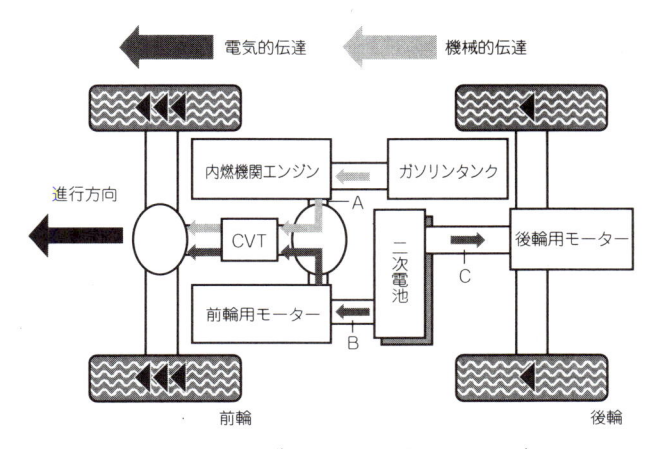

図6-2　ハイブリッド自動車の仕組み[11]

く，電気出力の制御だけでコントロールすることができる。

　ハイブリッド自動車は，当面，自動車の燃費性能を改善するために，国内外で開発競争が激化することが予想される。

(2) メタノール改質式燃料電池式電気自動車

　メタノール改質式燃料電池式電気自動車は，メタノールと水を，触媒を用いて化学反応させることにより，水素を発生する「メタノール改質器」を備えた燃料電池システムを搭載しており，補給するのは，液体燃料であるメタノールのみであり，近い将来の自動車用パワーユニットとして，期待されているものである。

　またメタノールの改質温度は，ガソリンエンジンやディーゼルエンジンの燃焼温度に比べて格段に低いため，NO_x はほとんど発生しない。さらにHCやCOもきわめて低レベルに抑制できるため，大気並みにクリーンな排気性能を実現できるポテンシャルがある。またメタノールは，天然ガスなどから比較的容易に製造できるため，代替エネルギーの面でも優れている。将来的には，バイオマス（植物）や水素ガスと炭酸ガスなどの再生可能エネルギーからの生産も可能となりそうである。また燃費の点においても，ガソリンエンジン車の数倍の向上が期待できる。例えば，図6-3のようなシステム例が研究開発されている。メタノール改質式燃料電池システムの最も効率の良い

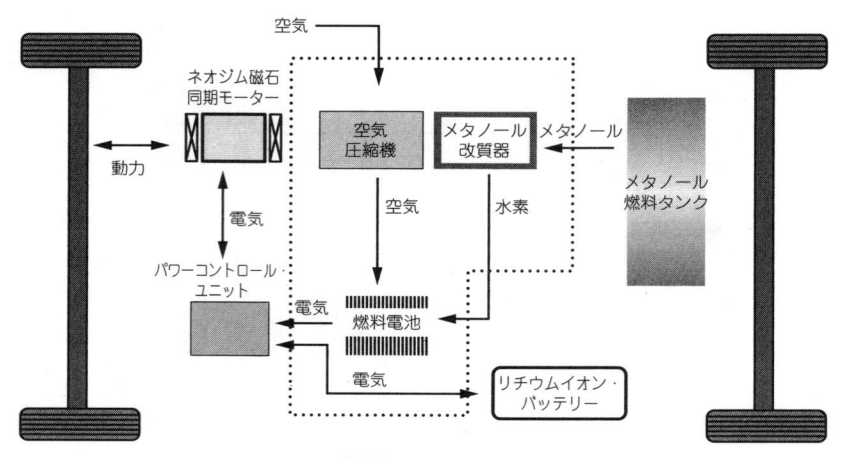

第6章 新しい自動車技術

図6-3 メタノール改質式燃料電池式電気自動車

領域で運転できるように，走行状況に応じて，燃料電池の電力で走るモード，バッテリーの電力で走るモードを切り替える電力制御が行われている。ネオジム磁石同期モーター，リチウムイオン・バッテリー等の高性能ユニットを使用し，コンパクト化，高効率化を図っている。また減速時には，モーターが回生発電を行い，バッテリーを充電する。このように，動力源を最適に使い分けることにより，もとより効率の高いメタノール改質式燃料電池システムを，さらに高効率化し，大幅なエネルギー効率の向上が図られている。

6.3 自動車の安全性

6.3.1 衝突安全性と予防安全性

　衝突安全に関する研究開発は，乗員に働く衝撃を極力少なくすることが基本となっており，車体構造からの安全対策と，乗員拘束装置を含む車室内の安全対策の両面から実施されてきた。

　衝突安全性能試験の種類には，次のようなものがある。そして，諸外国における衝突安全性能基準の制定状況を**表**6-1に示す。

・対リジットバリア，フルラップ前面衝突試験（**図**6-4）

　コンクリート製の障壁（バリア）に，自動車前部の前面を衝突させる試験方法である。ダミーに与える衝撃は最も強く，特にシートベルトやエアーバックなどの乗員の拘束装置の評価に適している。

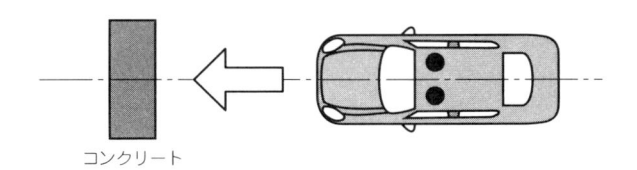

図6-4　対リジットバリア，フルラップ前面衝突試験

・対デフォーマブルバリア，オフセット前面衝突試験（**図**6-5）

　衝突時に変形し得るアルミハニカムを装着した障壁に，自動車前部の運転席側一部を衝突させる試験方法である。衝撃を車体の一部で受けるため，ダミーに与える衝撃は弱いものの，車体変形が大きく，変形による乗員への加害性を評価するのに適している。

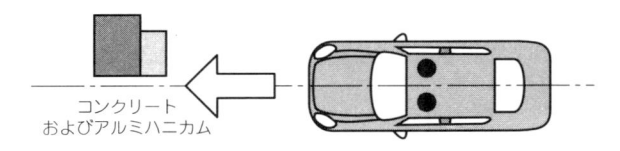

図6-5　対デフォーマルバリア，オフセット前面衝突試験

第6章 新しい自動車技術

表6-1 衝突安全性能基準の制定状況

諸外国の試験方法

自動車の衝突安全性能に関する情報については，米国運輸省道路交通安全局（NHTSA）などの公的機関において公表されています。

実施機関	試験方法	実施の規模	評価方法
米国運輸省道路交通安全局（NHTSA）	・前面衝突試験（対リジット・バリア，フルラップ衝突，速度35 mph（約56 km/h）） ・側面衝突試験（ムービングバリア衝突，速度38.5 mph（約62 km/h））	2001年 前突　28車種 側突　27車種	乗員傷害値による5段階評価（★による表示，5つ星が最良）
欧州委員会ほか	・前面衝突試験（対デフォーマブルバリア，オフセット衝突，速度64 km/h） ・側面衝突試験（ムービングバリア衝突，速度50 km/h）	2001年 前突　23車種 側突　23車種	車体変形，乗員傷害値による5段階の総合評価（★による表示，4つ星が最良）
オーストラリア連邦道路安全局ほか	・前面衝突試験（対デフォーマブルバリア，オフセット衝突，速度64 km/h） ・側面衝突試験（ムービングバリア衝突，速度50 km/h）	2001年　15車種	車体変形，乗員傷害値による5段階の総合評価（★による表示，4つ星が最良）
米国道路安全保障協会（IIHS）	・前面衝突試験（対デフォーマブルバリア，オフセット衝突，速度40 mph（約64 km/h））	2001年　27車種	車体変形，乗員拘束性，乗員傷害値による4段階の総合評価

国名等	基準	試験方法
米国	・前面衝突基準（FMVSS 208）	対リジットバリア，フルラップ衝突，速度30 mph（約48 km/h）等
	・側面衝突基準（FMVSS 214）	ムービングバリア衝突，速度33.5 mph（約54 km/h）
EU（ヨーロッパ連合）加盟国	・前面衝突基準（EC Directive 96/79/EC）	対デフォーマブルバリア，オフセット衝突，速度56 km/h
	・側面衝突基準（EC Directive 96/27/EC）	ムービングバリア衝突，速度50 km/h
オーストラリア	・前面衝突基準（ADR 69）	対リジットバリア，フルラップ衝突，速度48 km/h
（参　考）日　本	・前面衝突基準（道路運送車両の保安基準第18条）	対リジットバリア，フルラップ衝突，速度50 km/h
	・側面衝突基準（道路運送車両の保安基準第18条）	ムービングバリア衝突，速度50 km/h

自動車の安全性

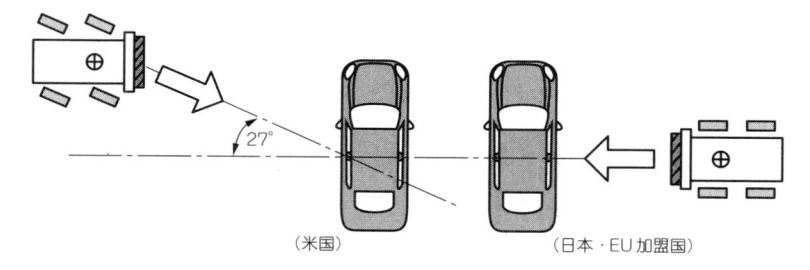

図 6-6　側面衝突試験

・側面衝突試験（図 6-6）
　衝撃時に変形し得るアルミハニカムを装着した障壁を持つ台車（ムービングバリア）を，自動車の運転席側の側面に衝突させる試験方法である。
　また予防安全に関しては，次の3つの領域から研究開発されている。
　①車両運動性能の向上
　②視認性向上，視界確保
　③ドライバーの負担軽減
　近年は，ドライバーのヒューマンエラーを生じにくくする技術，あるいは，ヒューマンエラーが生じてもそれをカバーする技術等の研究開発がなされてきている。

6.3.2　安全性向上技術
(1) 衝突安全性
　安全性向上技術として，衝撃吸収ボディー，スマートエアーバック等がある。
　最初に，衝撃吸収ボディーについて記述する。自動車が衝突した時は，衝突時の膨大な運動エネルギーをいかに消滅させるか，が問題となる。問題は減速時の加速度であるので，衝突から停止までの時間をできるだけ長くすることで，衝撃を小さくする必要がある。したがって，自動車のキャビン（乗室部分）より前のフロント部分を，適度につぶれやすくすることで，衝突から停止までの時間を長くすることが必要となる。通常のFF車は，フロント部分にエンジン，トランスミッション，サスペンション部品や，ステアリン

第 6 章　新しい自動車技術

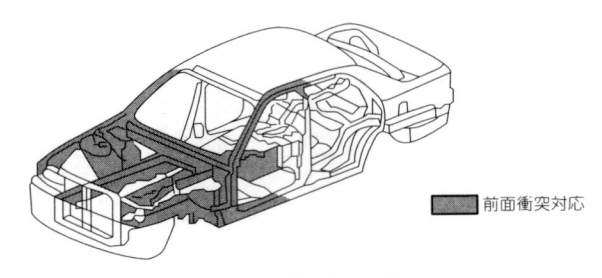

図 6-7　衝撃吸収ボディー

グ部品があり，これらが衝突の際，キャビンの中に飛び込んでこないようにしなくてはならない。衝撃吸収ボディーは，これらを考慮したものである。前述の前面衝突試験，側面衝突試験への対応したボディー構造としている（図 6-7）。

　次にスマートエアーバックは，自動車の乗員の特性（重さ，座っている姿勢等）を的確に把握し，事故時に最適に作動するエアーバックである。座席の下に乗員特性を検知する感圧センサーが取り付けられている。このようなセンサーを適用することで，運転者の特性や運転姿勢，事故状況等を把握して，より安全を目指したエアーバックである。

　歩行者・交通弱者対策例としては，自動車乗車中の乗員の安全性能を評価するためのツールに，衝突形態別に特化したさまざまな衝突試験用ダミーが開発されている。これらのダミーは傷害評価のために種々の定量的数値を計測する目的以外にも，身体各部の大きさや重量配分を実際の人間に近づけているため，自動車が衝突した際の傷害メカニズム解明に有用なツールとして利用されている。また例えば，横断歩道を歩行者が通行している場合等の車両前方情報を，車両側へ送信する仕組み等，歩行者の安全に対する研究も行われている。

(2) 予防安全性

　予防安全性の中で，視認性は非常に大事な性能である。事故を未然に防止するためには，ドライバーが潜在的な危険をできるだけ早く認知し，緊急回避する状況が生じる前に適切に対応することが必要であり，このような観点で，視認性向上や視界確保の技術開発が進められてきた。例えば，死角部を

自動車の安全性

ミラーなどの間接視界によってカバーし，ドライバーが潜在的危険を見逃さないようにするため，ミラーの適正配置，後方モニターカメラ等の開発が進められた。また，雨天走行のためには，撥水ガラスやミラーの雨滴除去による視界向上，夜間走行時の視認性向上を狙った高輝度ヘッドランプやコーナリングランプなども実用化され，普及が進んでいる。

さらに運転支援システムとして，例えば，見通しの悪いカーブの先で対向車がはみ出して走行してきた場合や，路上に停止している車両がある場合等，ドライバーから見えない事象に関しても，道路側からの車両への情報提供システムで，種々の角度からの研究が進められている。

(3) ASV

ASV（Advanced Safety Vehicle：先進安全自動車）は，将来の安全性の高い自動車の研究開発を目指した，国土交通省が推進するプロジェクトである。乗用車の予防安全，事故回避，衝突安全，災害拡大防止等の分野で新しい技術の研究開発がなされている。予防安全では，運転者や運転環境の状況を各種センサーで的確に把握して，危険時に警報する。また，事故回避のための制御技術が研究されている。さらに第2期には，情報通信システム，インテリジェント化技術と融合し，図6-8のような先進安全技術導入に取り組まれ

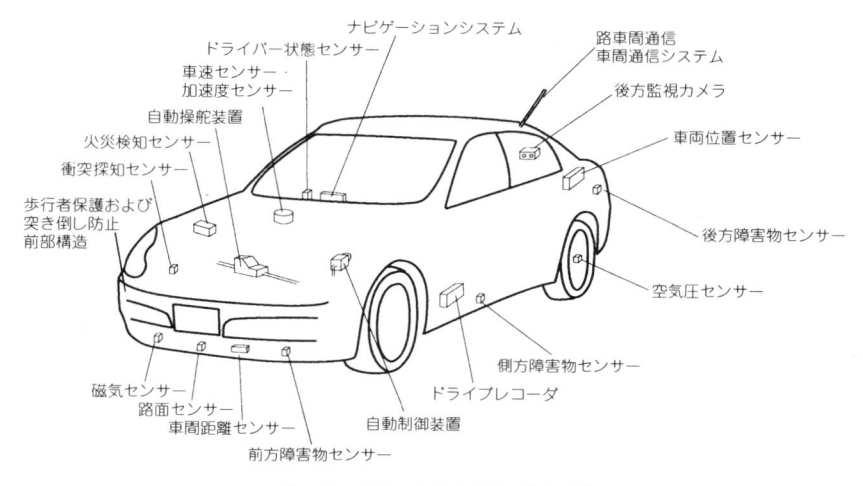

図6-8　ASV（先進安全自動車）

ている。例えば，ドライビングコンディションのモニタリングの例として，エンジンの情報，ブレーキやタイヤ空気圧，走行している道路の状態等を，さまざまなセンサーでモニタリングし，エンジンの異常，ブレーキの過熱，タイヤ空気圧の異常等をチェックするものである。

また，航空機のフライトレコーダーと同様のドライブレコーダーにより，事故時のデータ解析を行って，原因の究明が可能なものもある。

具体的には，第2期において先進安全自動車（ASV-2）には，次のような技術が組み込まれた。主なものを採り上げ，以下に記述する。

運転者の認知・判断支援技術としては，次のようなものがある。

①居眠り運転警報システム：画像処理技術を利用して，ドライバーの顔画像から，居眠り，脇見などの前方不注意状態を警報するシステムである。CCDカメラと赤外線ランプにより，ドライバーの目の動きを検出し，車両信号を含め，居眠り状態を検出して警報する。

②高機能テールランプ：ドライバーのアクセルペダル操作から，緊急制動を予測し，ブレーキ操作よりも先にストップランプを点灯させる。

③配光制御ヘッドランプ：運転状況に応じて配光分布を制御し，夜間の視認性を向上させるシステムである。例えば，中速時のカーブ走行の場合には，ハンドル操作に応じて光軸を制御することによって，進行方向を照らす。

運転負荷軽減技術としては，次のようなものがある。

①レーンキープ・サポート：CCDカメラで撮影した画像を処理して，走行車線の白線と自車の位置とを認識し，走行車線を維持しやすいようにハンドルの保舵力をアシストする。

②衝突速度低減ブレーキ付き全車速域定速走行装置：停止から高速域までの頻繁な加減速操作からドライバーを解放して，運転負荷を軽減させるシステムである。主として高速道路走行時に，ミリ波レーダーとレーザーレーダーからの情報により，先行車との車間距離や車速を制御し，頻繁なペダル操作をなくす。

事故回避技術としては，次のようなものがある。

①衝突速度低減ブレーキシステム：ドライバーのブレーキ操作が遅れた場合や減速度が小さい場合に，自動的にブレーキを作動させ，自車を停止させ

る，あるいは可能な限り衝突速度を低減させるシステムである。
② 緊急回避アシスト・ブレーキシステム：各輪のブレーキ力を最適にし，総合的に車両挙動を制御するシステムである。ドライバーが不意な障害物を回避するためのハンドル操作を行った場合に，車両の走行状態や，レーダー等の外界認識センサーによる障害物検知状態に応じて，各輪のブレーキ力を積極的に制御する。

歩行者保護対策技術としては，次のようなものがある。
① 歩行者警報＆衝突速度低減ブレーキシステム：ドライバーのブレーキ操作が遅れた場合には，自動的にブレーキを作動させ，可能な限り衝突速度を低減し，歩行者の被害を軽減する。
② 死角内歩行者警報システム：発進操作時に，車両の死角にいて見えない歩行者を赤外線センサーによって検知し，警報を出してドライバーに注意を促すとともに，歩行者のいる方向へ発進できないようにするシステムである。

(4) ヒューマンファクター

近年は，ドライバーの運転特性を研究することにより，人にとって望ましい自動車の研究が進められている。また，人-自動車-環境系として，ヒューマンフレンドリーな自動車の研究が求められている傾向にある。各種の制御システムが研究されているが，実際に自動車に採用されるか否かは，ドライバーにとって違和感があるかないかに関わってきている。

そのような観点で，ドライバーアシスト装置が近年，開発されてきている。

また，幅広い年齢層に受け入れられるために，操作性や乗降性などヒューマンインターフェースの改善が検討されている。

そして，近年のドライビングシミュレーターの発展より，それを活用したヒューマンファクターの研究が，数多く進められている。

ドライビングシミュレーター（以下 DS と称す）の開発例としては，Benz 社の DS が著名である。図 6-9 に示すように実車を DS に搭載し，実車を搭載したキャビンがリンクモーションにより，6 自由度の動きを可能にしており，さらに，キャビン自体はガイドレールに沿って，横運動も可能になっている。Benz 社の DS は，アクティブセーフティー，あるいは人間-自動車系

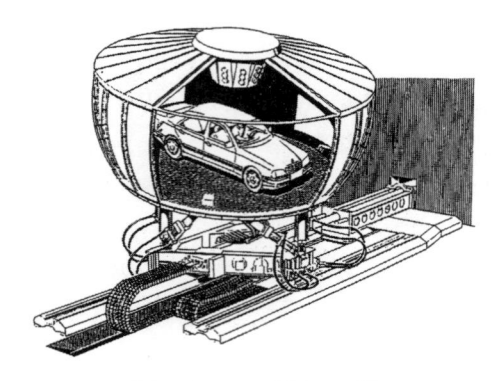

図6-9　Benz社のDS[12]

の研究等に用いられているようである。

　また，DSは次のような有効性がある。

・任意のシチュエーションを瞬時に再現できる
・同じ条件で何回も再現できる
・危険な道路交通状況を安全に体験できる
・あらゆるデータを実車以上に正確かつ容易に取得できる
・特定なパラメーターのみを変更し，その影響を把握できる

　実車の場合だと，例えば新しい操舵システム，あるいは新しい車両運動コントロールシステムの研究等は，製作費，時間等が非常に大がかりなものとなってしまうが，DSを用いると，ソフトウエアの変更のみで済むので，比較的容易に，新しい技術の研究開発が可能となる。そこで，国内外でDSを用いた研究は多くなってきている。

6.4　これからの社会に適応した自動車技術

6.4.1　ITと自動車

　近年注目すべき動きとして，IT（情報技術）革命がある。IT革命は，自動車の分野で，高度情報化車社会として，以下に紹介するITS，AHSへとつながっている。

(1) **ITS**

ITS（Intelligent Transport System：高度道路交通システム）としては，車両間あるいは道路〜車両間の通信システム，そして，新しいインストラクチャーに対応したナビゲーションシステム，ヘッドライトの配光制御，夜間の視力低下を補うナイトビジョン等が挙げられる。

(2) **AHS**

AHS（Advanced Cruise Assist Highway System：走行支援道路システム）は，道路と自動車が，通信技術によって情報交換を行い，協調して交通事故の回避，渋滞の解消などを進めるために，道路のインテリジェント化を図る技術である。道路〜車両間の協調システムの基本的な考え方は，自動車が自律的に検出できる自車両周辺の状況は自動車側が検出し，自車両から検出することが難しい環境状況を道路側で検出して，自動車に情報を送ることによって，自動車の安全性向上を図ったものであり，例として次のようなものがある。

・前方障害物衝突防止支援
・カーブ進入危険防止支援
・車線離脱防止支援
・出会い頭衝突防止支援
・右折衝突防止支援・横断歩行者衝突防止支援
・路面情報活用車間保持等支援

6.4.2 少子高齢化社会と自動車

(1) バリアフリーカー（高齢者および身障者対応）

バリアフリーカーとは，高齢者や障害者を対象とした福祉車両を意味する。

高齢者に多く観察される車両への乗降姿勢動作としては，①前屈みに頭から乗り込む，②降りる時に体の向きを変え，両足を揃えて出す，等があるようである。これらは，ハンドアシストによる補償が不十分になった場合，動作パターンの変更により適応しようとしている現象と捉えられている。したがって，楽にかつ安全に，乗降できることが望まれている。すなわち，アシストグリップ，大開口ドア，適正なシート高さ，低床化による段差レス等が必要になってくる。

第6章 新しい自動車技術

ストレッチャー仕様車

回転シートの運転席

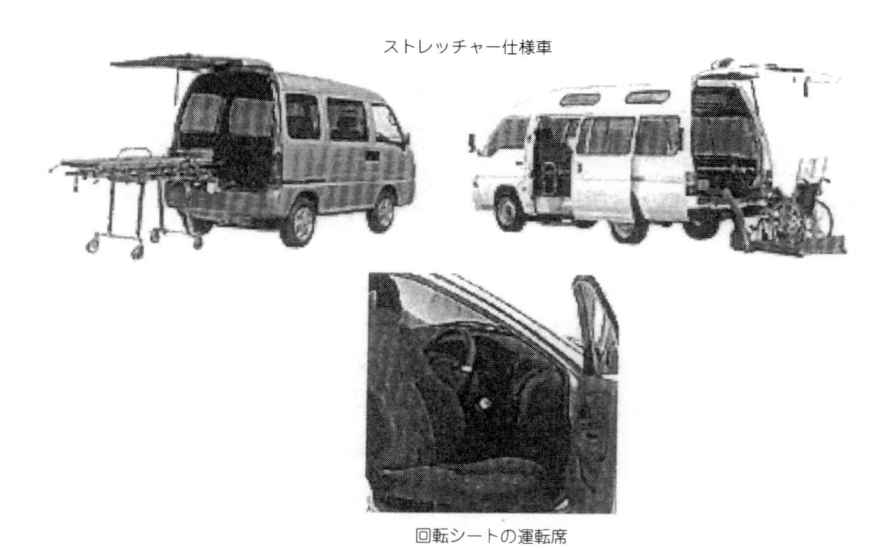

図6-10　バリアフリーカー[11]

　現状のバリアフリーカーでは，車椅子の乗降をスムーズにするようなシートへの改造や車椅子のリフト収納装置等，車両に追加的な改造が主になっている（**図6-10**）。

　歩行以外にも，視角や聴覚の機能低下に対応した車作りも望まれている。したがって，メーターの視認性を高める等の技術が必要となってくる。

　現状のバリアフリーカーの内容としては，例えば次のようなものがある。
・ドアの開閉からステアリング，シフト，サイドブレーキ等をすべて足でできる装置
・自動装着式シートベルト
・専用サポートシート
・回転シートの運転席
・専用パワーステアリング
・ペダル式ステアリング
・足踏みウインカー

　また運転操作性の面からは，ジョイスティック化して，片手で簡単に運転

これからの社会に適応した自動車技術

操作ができるようになることも，操作性の拡大という見地から望まれている。そこで，例えば車椅子のままでの運転を可能とするような，次項のユニバーサルデザイン的な車両の検討が必要となってくると考えられる。

さらに高齢者の運転特性としては，反応時間の遅れがある。また筋力の低下により，俊敏な操作ができにくくなっている。視力の低下による判断ミスも考えられる。そのような観点からは，反応の遅れをカバーしてくれる運転時のアシスト操舵装置等が望まれる。加えて判断ミスをカバーしてくれたり，操作のアシストをしてくれる装置が望まれると考えられる。

(2) **ユニバーサルデザイン化**

ユニバーサルデザイン化は，バリアフリーを含め，あらゆる利用者への対応を意図したものである。最近では，タクシーにおいてユニバーサルデザイン化の検討がなされている。低床化，簡単なスロープで，高齢者にもノンステップで車両への乗り込みができるもので，車椅子を載せるスペースが確保されている。そして7名の旅客定員で，小グループユニットの観光，長距離移動，冠婚葬祭，移動ミーティングルーム等，多用途な目的を満たすもので，新規需要への対応を図る開発の検討が進められている。したがって，居住性，快適性の確保のため，RV車3列シートの乗用車ベースで検討が行われている（図6-11）。

今後，高齢化社会になって

認可条件：小型タクシー認可条件適合車
形状：RV車，3列シート
定員：5名（車いす乗車時4名）
燃料：バイフューエル対応車（LPG/ガソリン）

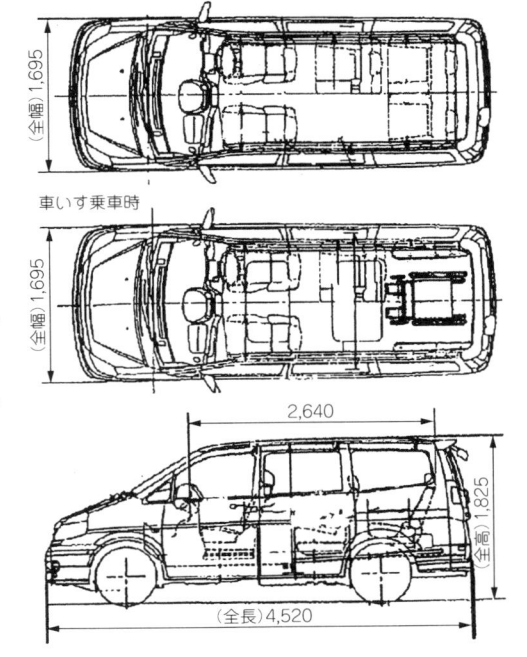

図6-11 ユニバーサルデザイン[13]

いくため，このような動きは非常に大事になってくると思われる。

6.4.3 要素技術の発展

近年，機械・電子電気・化学・材料・制御と，種々の分野において基礎技術の進展が見られており，その結果，例えば次のような適用が行われてきている。

(1) **バイ・ワイヤ・システム**

航空機ではすでに実用化されている，メカニカルではなく電子的な制御で，ブレーキやステアリングを制御するシステムを，バイ・ワイヤ・システムと呼ぶ。ブレーキ・バイ・ワイヤは，ブレーキペダルの踏力を直接油圧で伝えるのではなく，踏力をセンサーで検出し，4輪のブレーキを独立制御するものである。またアクセル・バイ・ワイヤ，ステア・バイ・ワイヤ等，これからは，ドライバーの動作で直接操作するのではなく，間に電子制御システムを介在させ，安全に走行させるという技術が発展するものと考えられる。

さらにアクセルペダルはなく，ステアリングでアクセル，ブレーキ，操舵を含めてワイヤという形によって，電気信号で操作する形式のものも開発されてきている。

ステア・バイ・ワイヤを例に採ってみよう。従来のステアリングシステムは，機械的なもので結合されていたので，操舵に対する前輪のステア角だけではなく，それに伴う操舵反力等の特性との関係も重要だった。一方ステア・バイ・ワイヤの場合は，ハンドルと前輪が切り離されているので，前輪のステア角特性と操舵反力特性を分離して，意のままにコントロールできるため，最適コントロールが可能になると考えられる。

(2) **高電圧化，オイルフリー化**

高電圧化とは，現在の14Vシステム（バッテリーは12V）に対し，42Vシステム開発への動きを示す。車両の電気システムは，この電圧が高い方を国際標準にしようとする動きがある。近年，車両の安全性や快適性，利便性が追求されてきており，車載電気システムは増加の一途をたどっており，かつ，複雑化してきている。さらに今後は，各種パワー機器（例えばエンジンバルブ，アクティブサスペンション，パワーステアリング，エアコン，クラ

ッチ）の高性能化や，搭載自由度の向上などを目的として，これらを電気・電子化するニーズが高まっている．これらの中には，ピーク時に大電力を消費するものもあり，現在の電圧システムでは各部品の大型化や重量増を伴うことから，その対応として，電気システムの高電圧化が急速に注目されている．

　燃料消費率の優れた車両の開発が望まれているが，この達成手段の1つとして，高電圧化による電装品の軽量化，小型化，効率向上が採り上げられている．また燃料節約のための，停車時にエンジンを停止させるシステムにおいては，スターターとオルタネーターの一体化を含めた高電圧化によって，めざましい改良が期待されている．

　電気自動車，ハイブリッド自動車，燃料電池車等の発展とともに，高電圧化の動きは重要性を増していくと思われる．

　前述の例えばステア・バイ・ワイヤシステム等のように，システムが機械部品の構成から，電気部品の構成へと変化してくると，パワーステアリングもオイルではなく，電気的なものが主流になってくる．したがって，今後の自動車はオイルフリー化の方向に向かっていくことが予想される．

第7章　人-自動車系の運動

　今日，ITS（Intelligent Transport Systems）において，自動車をシステムとして捉え，自動車の交通の問題を改善していく種々のアプローチがなされてきている。

　人-自動車系の運動は，人にとって望ましい車両特性を考えるうえで，非常に重要で，特に安全面から大事であると考えられる。

7.1　ドライビングシミュレーターの活用

7.1.1　ドライビングシミュレーターの分類

　2.3.2項の(3)および6.3.2項の(4)において，ドライビングシミュレーターについて簡単に触れているが，ドライビングシミュレーターは今日，例えば緊急回避等の人-自動車系の運動を研究する場合等において，非常に有力な試験装置となっている。

　ドライビングシミュレーターは，自動車あるいは運転席のモーションシステムによって分類すると次のようになる。

(1) **定置式ドライビングシミュレーター**

　運転席を固定したまま，画像のみで運転状態を表現する。アクセル操作，変速操作，ブレーキ操作，ハンドル操作が運転画像（音を含む）と連動している。

(2) **モーション装置付きドライビングシミュレーター**

①ジンバル方式：運転席をジンバルの中に設けて回転運動を与え，乗車体感を持たせる"ジンバル方式"のタイプ。

②レール方式：レール上に設けて横運動を与える"レール方式"のタイプ。

③協働支持方式：複数の油圧シリンダーによって支えて運動を制御する"協働支持方式"のタイプ。

④①②③の複合タイプ。

(3) **横運動試験台（実車）**

実車をドラム上に搭載して，ハンドル操作に対する，横運動特性の実験ができる。目的の運動に直接対応しているため，模擬精度が高い。

7.1.2　ドライビングシミュレーターの歴史

ドライビングシミュレーターの歴史をたどってみる。図7-1は，1973年頃におけるVW社ダイナミックシミュレーターと呼ばれるものであり，"ジンバル方式"により運転操作に応じて，ピッチング，ヨーイング，ローリングの3自由度の運転が運転席に与えられる。運動は重力加速度を利用して効果的に模擬し，最大0.4Gまでである。画像はコンピューター演算により，道路条件を線画で表示し，視野は水平方向50度，上下方向30度までである。人-自動車システムの運動特性の研究や車両設計に利用されている。

図7-2は，1970年後半に開発された"横運動試験台"である。本装置は，芝浦工業大学小口研究室にて，4輪操舵システム（4WS）のテストビークルである，"可変要素車"（図7-3）を用いて，再現性の高い人-自動車系のクローズド・ループテスト等を行うために，システムを考案，開発されたものである。周波数応答試験，ステップ応答試験をはじめ，走行状態での緊急回避的なコーストラッキング試験（シビア・レーンチェンジ的試験），横風等の外乱を加えた場合のテストを含め，ランダムな周波数で目標コースに車両の横運動を追従させる，トラッキング試験（スラローム的走行試験）等を行っている。

1980年の中頃には，日本最初の体感発生装置付きドライビングシミュレーターが，東大井口研究室にて開発された（図7-4）。

大阪産大松浦研究室でも，VW社タイプに近い形式と思われる図7-5のようなシミュレーターが考案された。運転席をジンバルの中に設けて回転運動を与え，乗車体感を持たせる"ジンバル方式"のタイプである。

また，豊田中央研究所では図7-6のような，緊急回避等の横加速度の比較的高い試験を行えるように，横方向にガイドレール上をコクピットが動けるタイプが考案された。横運動とロール運動の，2つの動きが行える。

芝浦工業大学澤田＆小口研究室では，図7-7に示すような，オリジナルの

ドライビングシミュレーターの活用

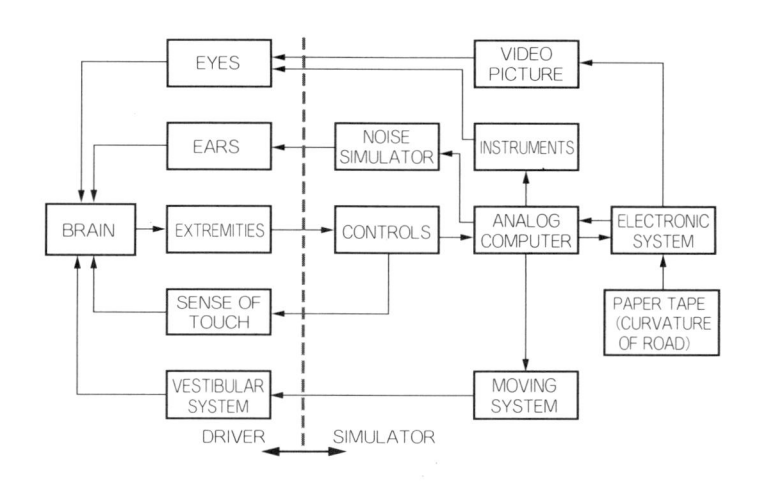

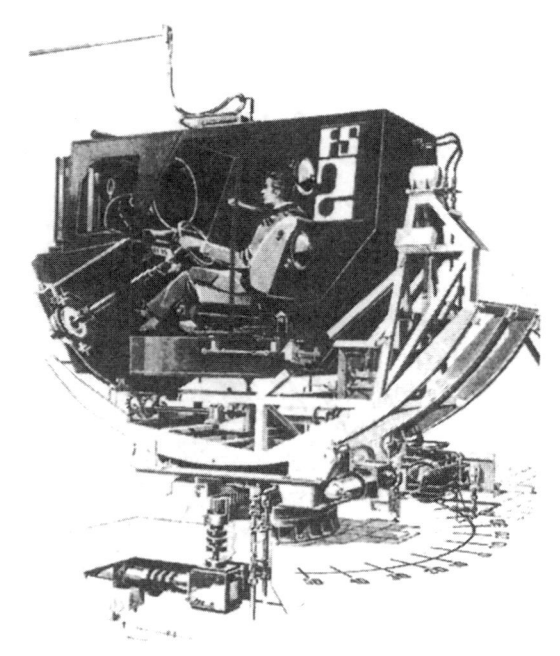

```
         ┌──────┐                    ┌─────────┐
    ┌───→│ EYES │←───────────────────│  VIDEO  │←───┐
    │    └──────┘                    │ PICTURE │    │
    │                                └─────────┘    │
    │    ┌──────┐      ┌─────────┐   ┌─────────┐    │
    │ ┌─→│ EARS │←─────│  NOISE  │   │INSTRUMENTS│  │
    │ │  └──────┘      │SIMULATOR│   └─────────┘    │
    │ │                └─────────┘        ↑         │
┌───┴─┴┐ ┌──────────┐  ┌─────────┐   ┌─────────┐ ┌──┴────────┐
│BRAIN │→│EXTREMITIES│→│ CONTROLS│→ │ ANALOG  │→│ ELECTRONIC│
└──┬─↑─┘ └──────────┘  └─────────┘  │COMPUTER │ │  SYSTEM   │
   │ │   ┌──────────┐               └─────────┘ └───────────┘
   │ └───│ SENSE OF │                     ↑            ↑
   │     │  TOUCH   │                     │      ┌──────────┐
   │     └──────────┘                     │      │PAPER TAPE│
   │     ┌──────────┐               ┌─────────┐  │(CURVATURE│
   └─────│VESTIBULAR│←──────────────│ MOVING  │  │ OF ROAD) │
         │  SYSTEM  │               │ SYSTEM  │  └──────────┘
         └──────────┘               └─────────┘
              DRIVER  ┆  SIMULATOR
```

図7-1　VW社ダイナミックシミュレーター[14]

153

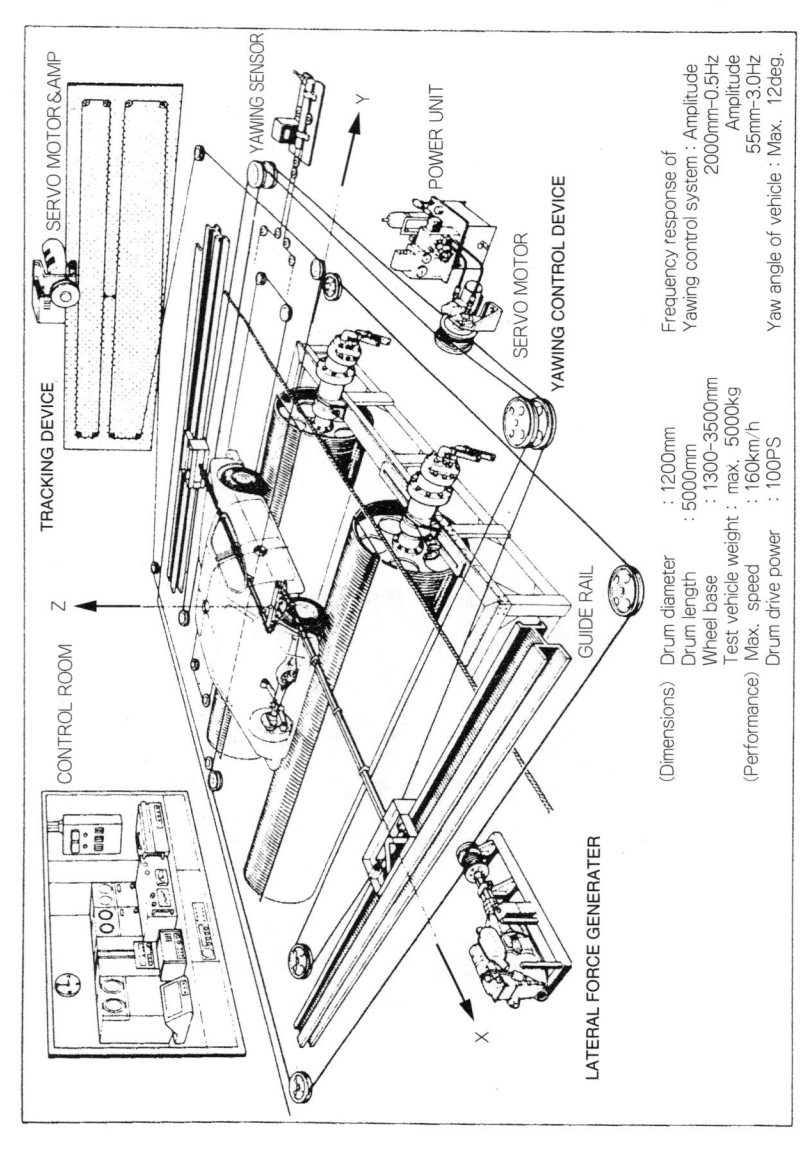

第7章　人-自動車系の運動

図7-2　横運動試験台[15]

ドライビングシミュレーターの活用

図7-3 可変要素車[15]

図7-4 東大井口研究室のドライビングシミュレーター[16]

第7章　人-自動車系の運動

図7-5　大阪産大松浦研究室のドライビングシミュレーター

ドライビングシミュレーターの活用

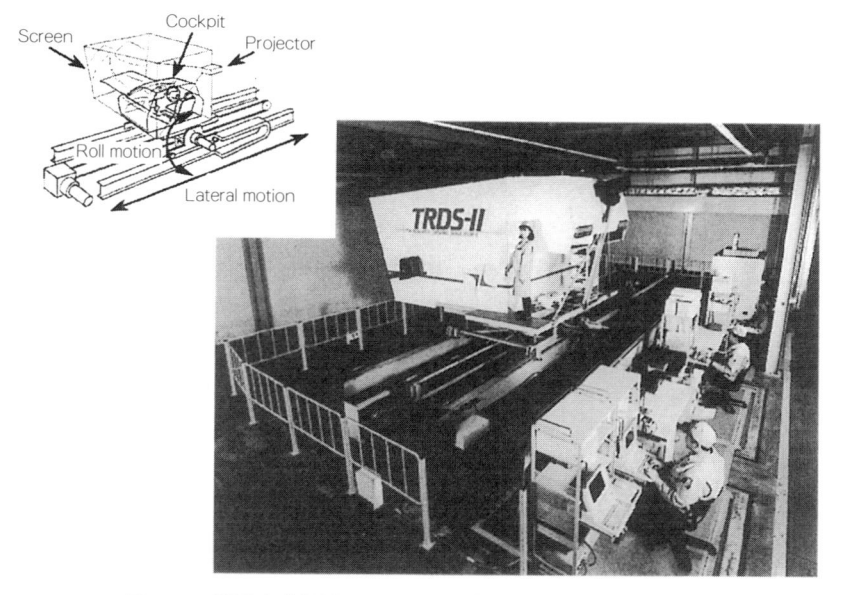

図7-6　豊田中央研究所のドライビングシミュレーター[17]

視野角：水平方向 2.36 (rad)，上下方向 0.52 (rad)，
車両：排気量 2,500 ～ 3,000 (cm³)

図7-7　芝浦工業大学澤田＆小口研究室のドライビングシミュレーター[18]

157

第7章 人–自動車系の運動

ドライビングシミュレーターを用い，ドライバーに合った予防安全として"テーラーメイド運転支援システム"等を研究している。人–自動車系の望ましい特性の実現を目指す新たな研究として注目されている。

図7-8は，アイオワ大学のドライビングシミュレーター National Advanced Driving Simulator（NADS）である。現時点では最も優れた高性能ドライビングシミュレーターのようである。NADSにより，人の行動に起因する交通事故回避の研究等が行われている。前後左右のガイドレールによって，高い加速度領域における，車両の限界性能のシミュレートを可能にしている。コクピットは，複数シリンダーによる協働支持も行っており，実車の運動を高次元に再現できる。

また，三菱プレシジョン（図7-9）や本田技研（図7-10）等のドライビングシミュレーターは，複数の油圧シリンダーによって支えて運動を制御する協働支持方式のものであり，これらをベースとして，いろいろな大学の研究室でドライビングシミュレーターに関わる種々の研究が行われている。

筆者の研究室（近畿大学の時）においても，図7-11に示すような，モーション装置付きドライビングシミュレーター（バーチャルメカニクス社製をベース）を用い，コーナリング限界付近の人–自動車系の操縦性・安定性の研究を行った。

人–自動車系の操縦性・安定性の評価は，ドライバーのフィーリング評価に依存している面が大きい。しかし，これは主観的評価であるので，客観的

オペレーションセンター

図7-8　アイオワ大学のドライビングシミュレーター

ドライビングシミュレーターの活用

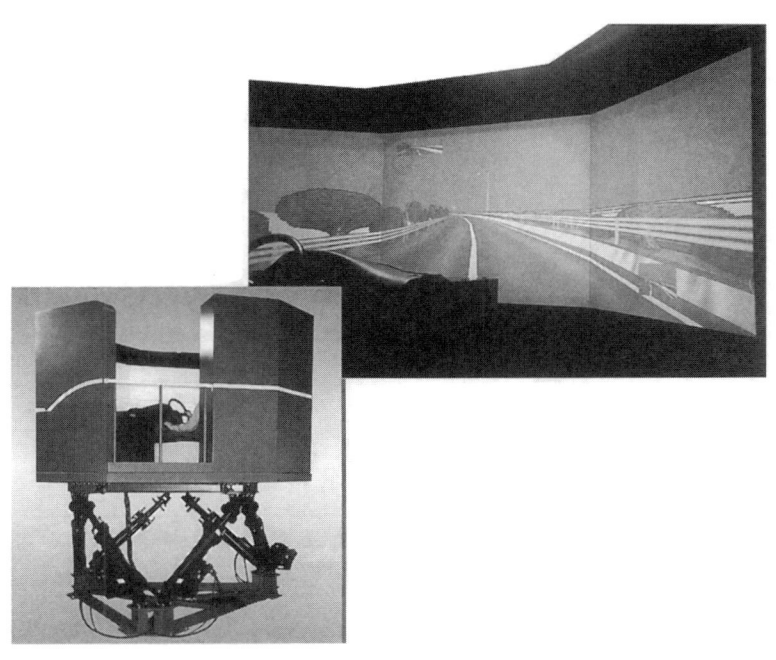

図7-9 三菱プレシジョンのドライビングシミュレーター

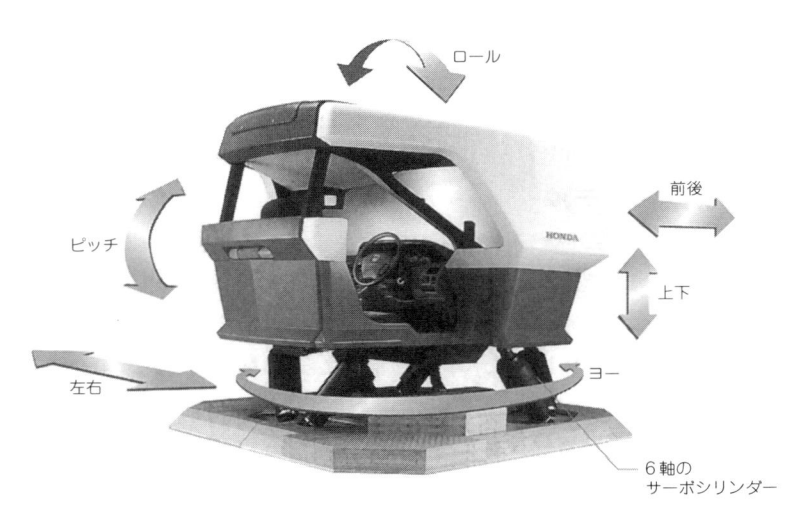

図7-10 本田技研のドライビングシミュレーター

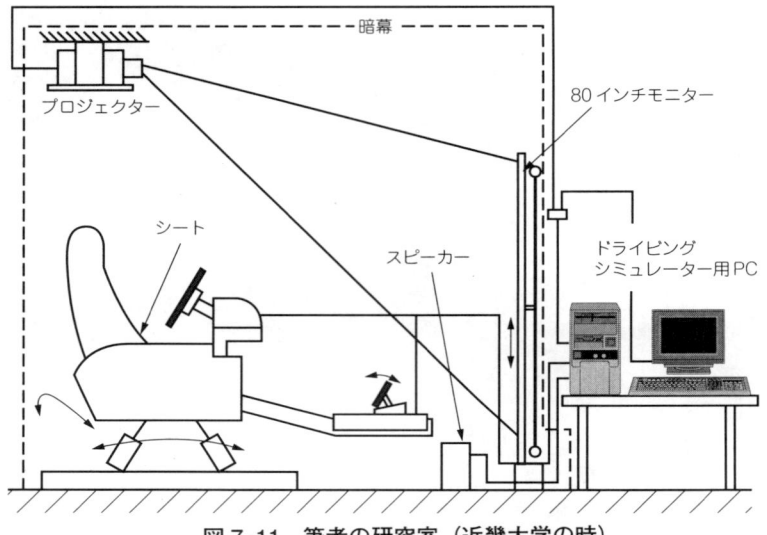

図 7-11　筆者の研究室（近畿大学の時）

に捉えることができる評価，あるいは，理論的解析手法が望まれている．ドライバーモデルの検討は設計段階での適用が可能であり，種々の検討が行われている．また，ドライバーの状態量の計測による，客観的評価も検討が行われている．

7.2　ドライバーモデル

7.2.1　前方注視モデル

　ドライバーモデルのベースとしては，近藤によって，前方注視モデルという基本的な考え方が提示されている．制御者は絶対空間の横変位ばかりでなく，車両の姿勢，すなわちヨー角を検知することができる．このような考えに基づいて，図 7-12 のように，車両の前方 L(m) を注視し，現在の車両姿勢のまま L(m) 進んだとした場合，すなわち L/V なる時間の後に生じるであろう車両の横変位と目標コースのズレ ε を検知し，フィードバック操舵を行うものと考えている．これを 1 次予測による前方注視モデルと呼ぶ．
　次に吉本は，車両の将来の位置を，現在の車両が描いている曲率である時

ドライバーモデル

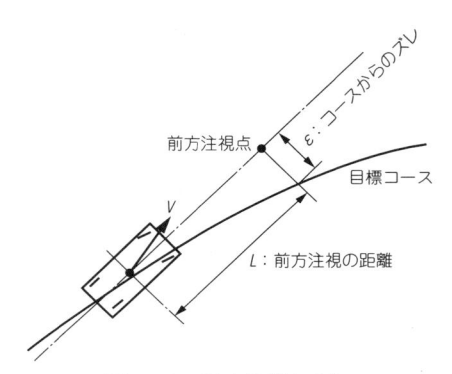

図 7-12　前方注視モデル

間そのまま進んだとした時の位置として予測し，その点でのコースからのズレ ε を検知し，フィードバック操舵を行うというモデルを提案した。これを2次予測による前方注視モデルと呼ぶ。

　また近年，現代制御理論を適用し，ファジー，ニューラルネットワーク等のドライバーモデルも出てきている。

　また筆者は，コーナリング限界を超えた，カウンターステアを含むドリフトコーナリング時におけるドライバーモデルについて検討を行っているので，紹介する。

7.2.2　ドリフトコーナリング時のドライバーモデルの研究例

　ドリフトアングルを維持したコーナリング中のドライバーの視点を，視線検出装置（図 7-13）により記録してみると，図 7-14 に示すように，車体の向きより斜め前方，すなわち，車体のスリップ角に近い角度の前方を注視していることがわかった。

　そこで，ドリフトアングルを維持するような状態では，ドライバーは車体の進行方向ベクトルを感知し，つまり車体スリップ角を感じてカウンターステア角をコントロールしていると判断できた。

　そこでドライバーの操舵モデルは，車体のスリップ角および，車体のスリップ角速度をフィードバックするモデルとした。

　また，次項のシミュレーションで行うような旋回条件において，車体のス

161

第7章 人-自動車系の運動

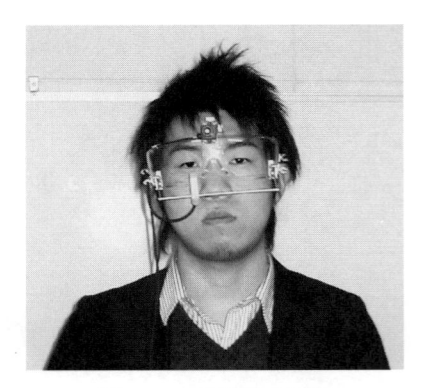

図 7-13 視線検出装置

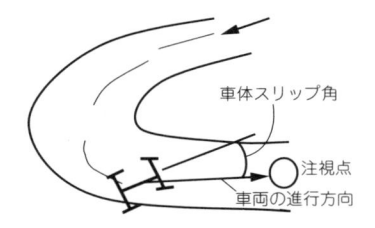

図 7-14 ドリフトコーナリング時の
　　　　　ドライバーの視線

リップ角とカウンターステア角とは，理論的に図 7-15 のような関係にある。すなわちある車体スリップ角に対しては，ドリフトで前後輪つり合った状態になるためのカウンターステア角は，一点に定まる。もし，そのカウンターステア角より大きめにステアすると，復元方向となり，逆に小さ過ぎると，

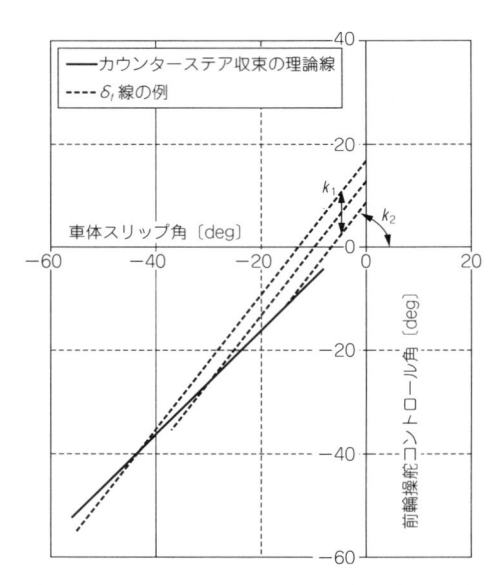

図 7-15 カウンターステアモデル（k_1, k_2）

スピン方向となってしまう。

そこでドライバーモデルとしては，この理論ポイントを結んだ線よりもやや大きめの勾配にドライバーの修正操舵モデルを設定することで，理論線との交点となるカウンターステア角に，収束するようにした。

この勾配が大き過ぎると，修正操舵が大き過ぎ，振動的に発散してしまい，逆に理論線あるいは，理論線の勾配以下とすると，カウンターステアが不足し，スピンしてしまうことになる。

旋回に入る時の初期のステップ操舵角は，車体のスリップ角 β が 10 deg 以内の時点までは，下式とした。

$$\delta_f = k_0 \, step(t) \quad (|\beta| \leq 10) \quad \cdots\cdots\cdots\cdots\cdots\cdots\cdots (7.1)$$

$(\delta_H = N\delta_f)$

車体スリップ角 β が，10 deg を超えたドリフト域に入った場合の，ドリフトアングルを維持するために車両状態量をフィードバックする，ドリフトコントロール舵角は，下式とした。

$$\delta_f = (k_1 + \beta) \times k_2 + \dot{\beta} \times k_3 \quad (|\beta| > 10) \quad \cdots\cdots\cdots\cdots\cdots\cdots (7.2)$$

$(\delta_H = N\delta_f)$

（注；β が 10 deg を超えた時点以降は，式〈7.2〉による操舵を行うモデルとしている）

式(7.2)のドリフトコントロール舵角は，**図 7-15** のように示される。**図 7-15** の点線で示すように，k_2 を変化させると，修正操舵の勾配が変化する。また，k_1 を変化させると，全体的に上下にシフトする。

図 7-15 の実線は，次項のシミュレーションで行うような旋回において，カウンターステアで，前後輪がバランスする場合の，車体のスリップ角と前輪実舵角の関係を示している。したがって，点線のドリフトコントロール舵角の線上を周期的に行ったり来たりして，実線と交差してバランスする点に収束すれば，ドリフトアングルを旋回中に維持できることになる。

また，車体スリップ角 β に対する比例操舵のみだとフィードバック操舵に遅れを生じるので，微分要素で位相を少し進めさせるため，車体のスリップ角速度 $\dot{\beta}$ に対し，若干の係数 k_3 を掛けたもので，予測的フィードバック量を加えた。

☆ドリフト走行シミュレーション結果

ドライバーの操舵モデルにおけるドリフトコントロール舵角の，k_1, k_2, k_3 の定数の影響について，シミュレーションを行った。

シミュレーションはステップ状の操舵を加え，旋回に入り，後輪がスキドするので，カウンターステアを当て，そのままカウンターステアをコントロールして，ドリフトアングルを維持した旋回を行わせている（車速100 km/h）。そしてその時，ドライバーのドリフトコントロール舵角の定数 k_1, k_2, k_3 を変化させた場合のシミュレーション結果を，図 7–16，図 7–17，図 7–18 に示す。

① 定数 k_1 の影響：図 7–16 に示すように，ドリフトコントロールアングルが変化する。

  k_1 大 ($k_1 = 13$)：ドリフト角大

  k_1 小 ($k_1 = 7$)：ドリフト角小

図 7–16 では図 7–15 に示すように，k_1 が大きいと式(7.2)を展開した次式

$$\delta_f = k_2 \beta + k_1 k_2 + k_3 \dot{\beta}$$

となり，k_1 が大きいと y 軸の切片である，k_1, k_2 が大きくなるので，理論線と交わる点，すなわち，ドリフトアングルを維持できる車体スリップ角は大きくなる。

② 定数 k_2 の影響：図 7–17 に示すように，ドリフトアングルへの収束のしかたが変化する。

  k_2 大 ($k_2 = 2.0$)：振動的にドリフトコントロール

  k_2 小 ($k_2 = 1.3$)：収束しやすくなる

  k_2 さらに小 ($k_2 = 1.0$)（理論線の傾き近傍より小さい傾き）：スピンとなる（カウンターステアが不十分なため，スピン）

ドリフト状態は不安定な状態であり，ある車体スリップ角を維持できるカ

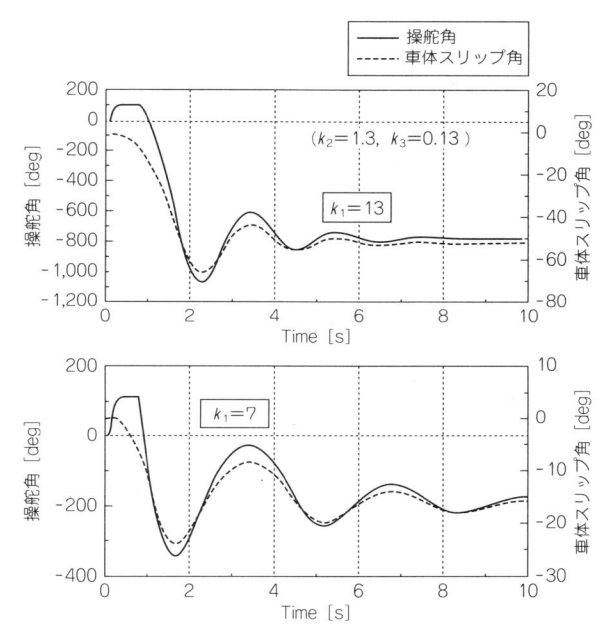

図 7-16　シミュレーション結果（k_1 の影響）

ウンターステア角は，つり合い舵角として 1 点に限られる。したがって，滑り出したある車体のスリップ角に対し，どの程度の応答ゲインでカウンターステアを加えるかによって，特定のゲインで収束傾向，他では発散という傾向となってしまう。すなわち，ゲイン定数 k_2 が大きいと，カウンターステア時のつり合い舵角からのオーバーシュート舵角が大きく，車両がグリップ領域に戻ろうとする復元方向のモーメントが強く作用するので，ドリフトアングルを維持するためには，それを打ち消す方向にカウンターステアの戻しもまた大きくなる。さらに，戻し過ぎると車両に回頭モーメントが作用するので，再度，カウンターステア方向の舵角を大きめに加えることになる。したがって，ゲイン定数 k_2 が大き過ぎると発散傾向となる。また，ゲイン定数 k_2 が小さ過ぎるとカウンターステア角が不足となり，スピンとなる。適度なゲイン定数だと，カウンターステア時のつり合い舵角からのオーバーシュートが小さくなり，その後，ドリフトアングルを維持するカウンタース

第7章 人-自動車系の運動

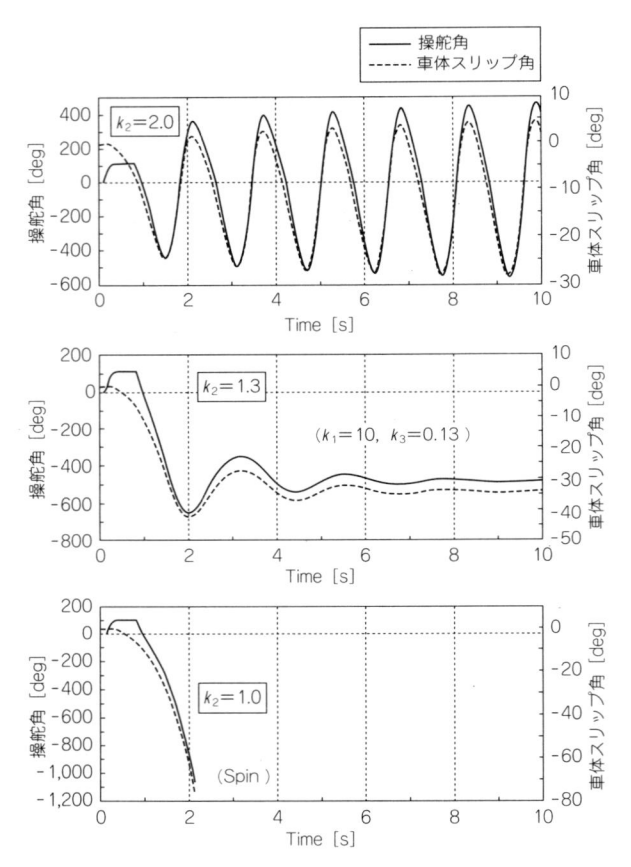

図7-17 シミュレーション結果（k_2の影響）

テアの当て戻しの操舵量のオーバーシュートを小さく，収束する方向へ向かわせることができているとわかった。

③定数 k_3 の影響：**図7-18** に示すように，修正操舵角の位相が変化し，したがって，ドリフトアングルへの収束のしかたが変化する。

　　k_3 大（$k_3=0.17$）：収束しやすくなる（修正操舵角が車体スリップ角に対する位相遅れは小さくなる）

　　k_3 小（$k_3=0.1$）：振動的にドリフトコントロール（修正操舵角が車体ス

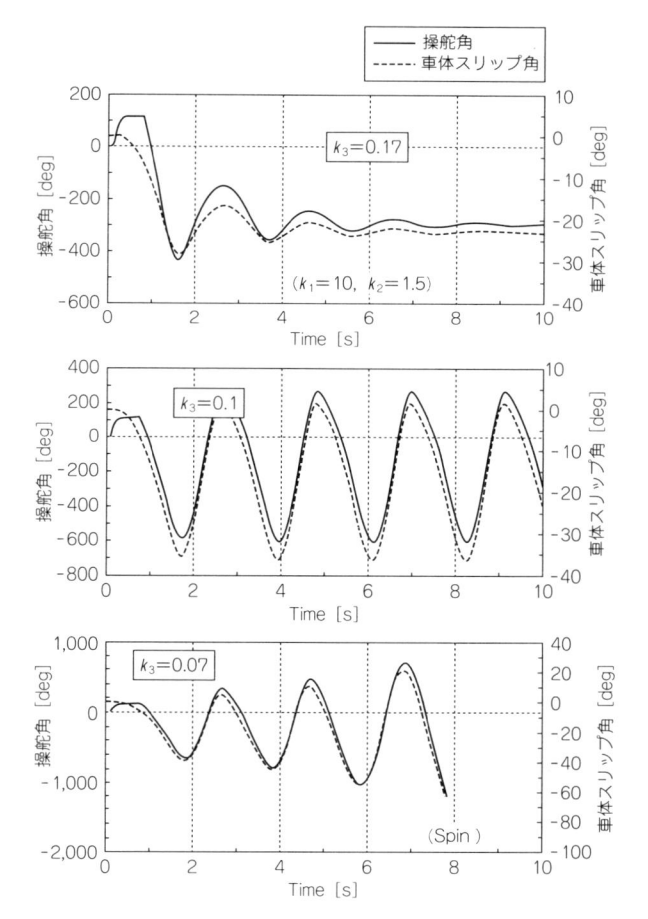

図 7-18 シミュレーション結果 (k_3 の影響)

リップ角に対する位相遅れは大きくなる)

k_3 さらに小 ($k_3 = 0.07$):スピンとなる(カウンターステアが振動的に発散傾向の後にスピン)

車体スリップ角速度 β の係数 k_3 の値を少し大きくすると,微分要素の項であるため,フィードバック舵角であるドリフトコントロールの舵角の位相をやや進めることができ,収束しやすくなることがわかった。

7.3 ドライバーの状態量の計測

レーンチェンジ試験等の規定されたコースを走行し，自動車の応答データから，客観的な評価が行われている。しかしこのような客観評価において，制御成績は同一であっても，操縦中のドライバーの負担が大きく異なる場合がある（図7-19）。したがって自動車の運動性能評価は，制御成績と，ドライバーの負担の両面から行う必要性が基本的にはあると考えられる（図7-19）。

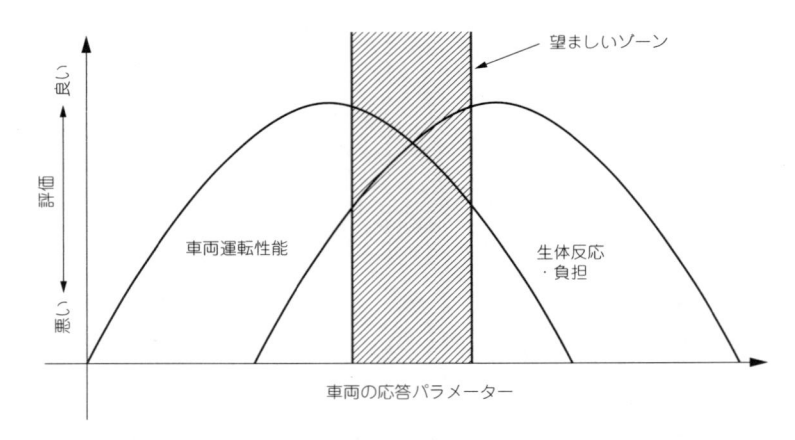

図7-19 制御成績，ドライバー負担〜望ましい特性の関係

ドライバーの負担を知るために，さまざまなドライバーの状態量（生体反応）の計測による評価が試みられている。心拍数，発汗量，皮膚電気抵抗，眼球運動，脳波，筋電位，呼吸数ほかの計測により，種々の評価手法が検討されている。

また筆者は，コーナリング限界を超えた，カウンターステアを含むドリフトコーナリング時におけるドライバーのリスク評価を，発汗量の計測によって検討を行っているので，次に紹介する。

7.3.1 発汗量の計測によるドライバーのリスク評価の研究例

ドライビングシミュレーターを用いた，人-自動車系の操縦安定性研究において，操舵コントロール時のドライバー負担の定量化が目的である。人-自動車系のクローズドループシステムにおける性能向上を研究するうえで，車両の運動性能の見地から性能向上が得られても，その時，ドライバーは負担がどうであったかという，人間の立場から，自動車を見直すことも必要である。両局面から捉えることにより，ドライバーにとって負担が少なく，かつコントロール性の良い車両の追求が可能となる。本研究ではこれらの観点から，発汗計を用いた，ドライバーの負担の定量評価手法を明らかにした。

☆実験装置

図7-20に，本研究に用いたドライビングシミュレーターの概要を示す。シミュレーターは運転状況を再現するために，視界映像システム，走行時のエンジン音等の車内音発生システムが組み込まれている。

また，種々の運動状態データが取得できる。

図7-21は，発汗計のセンシング部であるカプセルを手のひらに装着した様子を示している。

図7-20　本研究に用いたドライビングシミュレーター

第 7 章　人−自動車系の運動

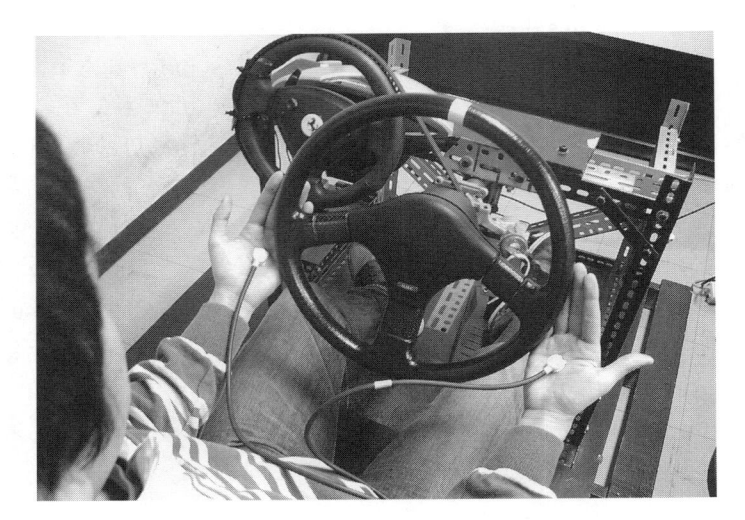

図 7-21　発汗計のセンシング部を手のひらに装着した様子

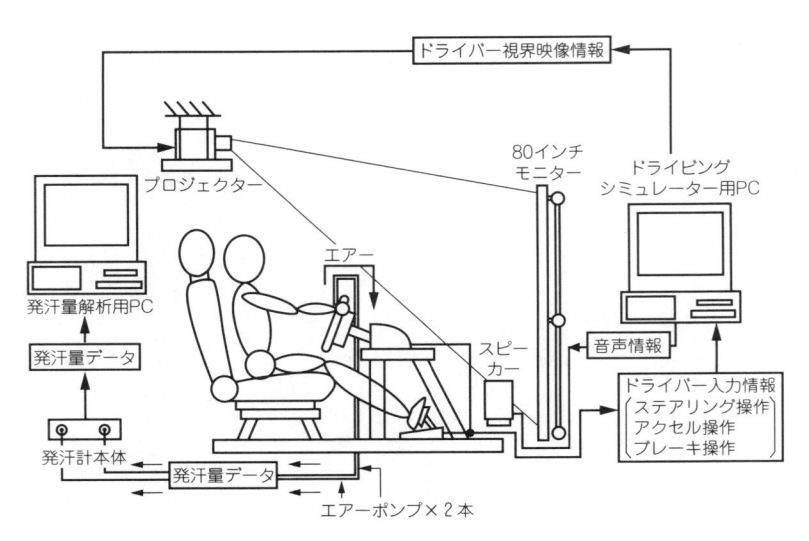

図 7-22　発汗量の計測試験の概要

本実験で使用した2チャンネル型発汗計は，構成が簡単かつ取り扱いが容易な，ルームエアーを基準にした差分方式換気カプセルである。従来のように，乾燥空気やN_2ガスを必要としないルームエアーをカプセルに供給している，新しい方式のものである。
　図7-22は発汗量の計測試験の概要を示す。

☆**実験結果**
　(1) 発汗量と車両状態量を同時計測することにより，ドリフトコーナリング時の操舵コントロールのリスク評価の検討を行った結果，次のようなことがわかった。
　①ドリフトコーナリング時において，非運転熟練者と運転熟練者の車両状態量の変化に顕著な差がなくても，非運転熟練者の場合，操舵コントロール時の発汗量はかなり大きく，リスクの大きい操舵コントロールであり，一方運転熟練者の場合，操舵コントロール時の発汗量は小さく，リスクがそれほど大きくない操舵コントロールの傾向が見られることがわかった。したがって，車両状態量だけでは定量評価できないリスクの度合い評価が，発汗量を計測することにより可能になることがわかった。
　②(a)操舵負荷による筋的負担，および(b)視覚的負担が，ドライバーリスクへ及ぼす影響はかなり小さく，逆に(c)操舵制御の精神的な負担，によるドライバリスクへ及ぼす影響はかなり大きいことが，発汗量を測定することによってわかった。
　ここで，その実際の実験方法について紹介する。
　(a)については，ドリフト旋回は，カウンターの当て戻しを繰り返し行って操舵コントロールをしているので，急激なハンドル操作により肉体的な運動をすることになり，発汗量が増加すると考えられた。そこで，その筋的負担のみの発汗量を検出するため，被験者に発汗計を取り付け，ドリフトコントロール時のように，ハンドルの切り戻しを繰り返し続ける動作を，約40秒間続けさせた。(b)については，ドリフト旋回は，急激なハンドル操作で車体スリップ角，ヨー角，ヨーレイトの急変を伴い，視覚的にこれらの情報が入り，また視点も変動するので，この視覚情報の刺激により，被験者はどの程度の発汗が生じているのか実験を行った。ドリフトコーナリングの映像

を音声とともに，スクリーン上に映写し，ハンドル操作なしで，この映像による発汗の変化を実測した．(c)については，ドライビングシミュレーターで行った実際のドリフトコントロール時の発汗量である．そして，(a)，(b)，(c)の時の発汗量と安静時の発汗量を比較した．

(2) 難しい車両コントロールと発汗量計測によるドライバーリスク（主観的危険感）の評価の関連について検討を行った結果，次のようなことがわかった．

①パイロンスラローム走行における難しいグリップ走行時と，ドリフト円旋回におけるドリフトコントロール時の走行状態の違いにおいて，後者は前者に比べスピンするかもしれないという恐怖感が大きく，発汗量が非常に大きくなるという，特有の現象があった．

②パイロンスラローム走行とドリフト円旋回という，異なる走行条件での比較を行った結果を，図7-23に示す．図7-23において，(a)〜(d)は以下の評価値に相当する．

(a) 最大発汗量（P_m）
(b) 発汗量面積（P）
(c) 発汗量面積×最大発汗量（$P \times P_m$）
(d) 単位走行時間当たりの発汗量面積（P/T）
(e) 単位走行時間当たりの発汗量面積×最大発汗量（$P_m \times P/T$）（ここで，T は走行時間を示す）

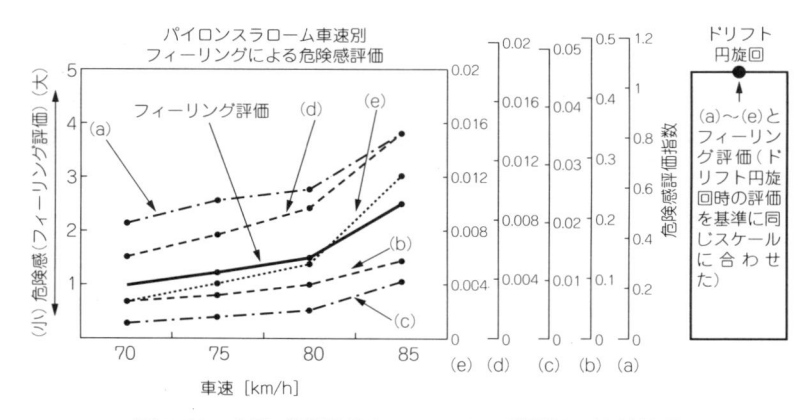

図7-23　危険感評価値とフィーリング評価の比較結果

（参考）本研究室の手作りフォーミュラカーへの取り組み

これらを用い，危険感（フィーリング）評価との比較・検討を行った。評価において，本危険感評価式が最もフィーリング評価に対応していることが明らかとなった（**図 7-23** において(e)に相当）。

危険感評価式：$E = P_m \times P / T$

ここで，P：発汗量面積 [mg]
P_m：最大発汗量 [mg/cm^2・min]
T：ドリフト円旋回，パイロンスラローム走行時間 [s]

7.4 （参考）本研究室（近畿大学の時）の手作りフォーミュラカーへの取り組み

実車においての検討は，場所等の制約があり，なかなか困難な面があるが，実物で実際に操縦してみることは，非常に意義深い。筆者の研究室においては，近畿大学の自動車技術研究会と合同で，第2回自動車技術会全日本学生フォーミュラ大会に参加した（**図 7.24**）。現在は，ドライビングシミュレーターおよび実走行で，最短コーナリングを実現すべく，スペックの検討を行

図 7-24　近畿大学の手作りフォーミュラカー

173

ったりしている。例えばばね定数，ショックアブソーバー減衰力等の測定は，筆者の考案の，車載状態のままで計測できる，"オンザカー式ショックアブソーバーテスター"（図7.25）を用いて実測している。詳しいメカニズムは，"サスチューニングの理論と実際"（野崎博路著）（東京電機大学出版局）を参照のこと。また，同書ではサスペンションチューニングを理論的に解説し，有効な専用機器の紹介も行っているので，興味のある方はぜひ参照していただきたい。

スキッド限界（タイヤの滑り限界）に近い，あるいは超えるような領域において，重要となる点は次記の5項目であると考えられる。

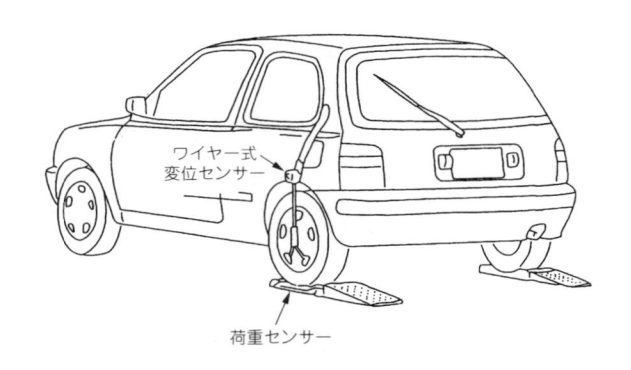

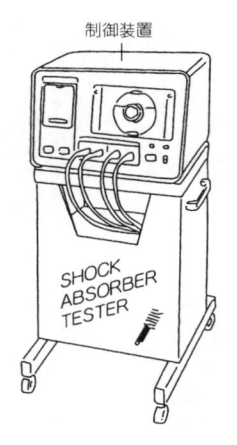

図7-25 オンザカー式ショックアブソーバーテスター

①スキッド限界付近でも，ハンドル操作に良く，車両が反応して動いてくれること（舵の効きが良いこと）
②滑り限界の手前，あるいは超える領域でも，車両の動きが滑らかで，コントロールがしやすく，安定性が高いこと（安定性が良いこと）
③コーナリング時に，車両がスキッド限界（滑り限界）に達する際の，車両の最大コーナリングGが高いこと（限界横向き加速度が高いこと）
④スキッド限界に達する付近における，車両側のコーナリング時の挙動変化で，スキッド限界がわかりやすいこと（スキッド限界がわかりやすいこと）
⑤制・駆動時のコーナリング性能が高いこと

7.5 まとめ

人-自動車系の運動については，事故を限りなく小さくすること，そして，さらに，快適で，楽しいドライビングを実現するために，今後も，種々の研究開発が実行されていくと思われる。そして，今後もさらに車は，人々の生活や行動に夢と豊かさを与えてくれると考えられる。

第8章　ドライビングシミュレーターの更なる研究と応用

　7.1項において，ドライビングシミュレーターの活用例を紹介した。本章では，最近のドライビングシミュレーター開発あるいは研究例の紹介について，そして，筆者が最近，三菱重工業㈱と，新たなコンセプトに基づき共同開発を行った"ドリフトコーナリング対応ドライビングシミュレーター"の内容と，どのような研究にこのシミュレーターを用いたのか，あるいは，用いることができるのかについての紹介について，改定版発行に際し，新たに章として加えた。

8.1　トヨタのドライビングシミュレーター

　トヨタでは，最近，予防安全技術の開発を促進するために，実走行に近い試験環境を追求したドライビングシミュレーターを開発した。
　ドライビングシミュレーターは，映像や加減速度発生装置などを活用して，自動車の走行を模擬する装置であるが，トヨタのドライビングシミュレーターは，運転特性を正確に把握するため，ドライバーに模擬運転であることを極力感じさせない，実走行に近い試験環境を追求している。現時点では，世界最大規模のようである（表8-1）（ただし，大掛かりな装置なので，汎用的なものではない）。
　自動車の研究開発においては，主に，実車での走行では危険が伴う実験や，特定の条件下で自動車を走行させる実験などに活用されているようである。

表8-1　具体的な仕様

ドームの大きさ	高さ4.5m，直径7.1m	振動規模	最大　上下に50mmずつ
ドームの移動範囲	最大　縦35m，横20m	体感加速度	最大　0.5G
ドームの傾斜角	最大　25度	ターンテーブル回転角	最大　左右に330度ずつ

　ドライバーは直径7.1ｍのドーム内に設置された実車に搭乗し，ドーム内の球面スクリーン全体（360度）に映し出される映像に合わせて運転操作

第 8 章　ドライビングシミュレーターの更なる研究と応用

を行う（図 8-1）。その際ドームは，コンピューター制御のもと，ターンテーブル・傾斜装置・振動装置などを作動させながら，縦 35 m・横 20 m の世界最大規模の範囲を移動することで，右左折時を始めとした様々な運転パターンにおいて，走行時の速度感，加減速感，乗り心地をリアルに模擬しているようである（図 8-2）。

図 8-1　トヨタのドライビングシミュレーター
　　　　（視野映像部等）

図 8-2　トヨタのドライビングシミュレーター
　　　　（モーション装置部等）

〔主な活用方法〕
(1) **運転特性の解析と予防安全技術の開発**

運転意識低下（居眠り，ぼんやり），危険に対する不注意（わき見，安全未確認），運転不適（飲酒，疲労，病気）といった状態でのドライバーの運転特性を解析し，効果的に事故を低減する予防安全技術を開発する。

(2) **予防安全技術の効果検証**

上記を踏まえ，ドライバーへの警報および車両制御システムとの連携による，交通事故低減効果とその持続性を評価し，予防安全技術の効果を検証する。

8.2　安全向上のための運転支援システムの研究例（第7章の図7-10の本田技研のドライビングシミュレーターを用いた発展的研究）

複数のシミュレーターを連動させ，シミュレーター上で車同士の事故等の検討を行っている例がある。また，シミュレーターの左右にスクリーンを置き，ドライバーの真横の景色を再現する工夫を行っている例もある。人間は速度感を周辺視野，すなわち周りの動き，流れで感じていく。左右の画像により，ドライバーは道路の中央にいる感じが強まり，臨場感が出てくる。

また，複数のパソコンによる簡易型シミュレーターをつなぎ，同時に複数の車が1つの環境を共有して，車線変更時の後方車両の車の認識等，具体的シチュエーションにおける，安全向上のための運転支援システムモデルを研究している例もある。

ドライバーがどのように，「安全か」，「危険か」を判断しているかを具体的にシミュレーター上で検討を行うことにより，数々の事故を未然に防止するアシスト制御技術が生まれてくるのではと思われる。

8.3　ドリフトコーナリング対応ドライビングシミュレーター

8.1項のトヨタのドライビングシミュレーターは，大掛かりな装置なので，コスト，場所等の制約があり，汎用的なものではない。一方，現在，汎用の

第8章　ドライビングシミュレーターの更なる研究と応用

ドライビングシミュレーターは，8.2項及び第7章の図7-10の本田技研のドライビングシミュレーターのように，パラレルモーションリンク等を用いて，6自由度の運動自由度を有するタイプが市販されている。その方式は，コーナリング時やブレーキング時の体感等が得られる，多自由度の動きを可能としている反面，その動き量は連性を考慮した小さな動きに制約されているという実情がある。従って，カウンターステアを伴う大スリップ角時のドリフトコーナリング挙動を体感するには不十分である。

そこで，1つひとつの自由度を分離し，そして，その動き量を大きく設定する方式を試みた。ドリフトコーナリング時は，①大きなヨーイング挙動と，②大きな横加速度挙動を伴う。この点に着目して，ヨーイングは，独立した回転機構を設け，横加速度は，定常的な横加速度は，ロール運動によって体感させ，過渡的な横加速度は，並進運動によって体感させた。

すなわち，3自由度の動きを独立させ，上記，大きなヨーイングと大きな横加速度を体感できる，ドリフトコーナリングに対応するドライビングシミュレーターを開発した。

そして，ドリフトコーナリング時に，ドライバーは，どのような体感パラメーターを主としてフィードバック操舵コントロールを行っているのか，操縦特性の検討，そして，新しい操舵方式制御等の研究に用いた。

〔具体的な内容〕

本研究にて用いたドリフトコーナリング対応ドライビングシミュレーターは，三菱重工業㈱と筆者（工学院大学）が共同で開発したものである（図8-3）。モーション装置部のコンセプトとしては，グリップコーナリングのみならずドリフトコーナリングまでをリアルに再現させる点にある。従って，現実に近いドリフトコーナリング（①大きなヨーイング挙動と，②大きな横加速度挙動）を体感できるモーション装置を構築する必要がある。そこで，ヨーイングに関しては，リミッタの制限を解除すれば，基本的に無限回転可能な構造とした。これにより，限りなく，スピン挙動を現実に近いものを体感できるようにした。ただし，汎用ドライビングシミュレーターとしての装置の重量等の制約より，ヨー角速度については，最大±40 deg/secと，実際の場合と比べ，スケールファクタは0.6程度に落としている。しかし，ス

ドリフトコーナリング対応ドライビングシミュレーター

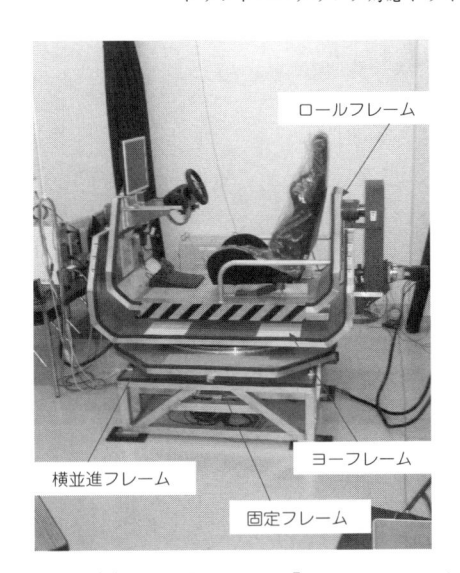

図 8-3 三菱重工業㈱と共同開発した「ドリフトコーナリング対応ドライビングシミュレーター」

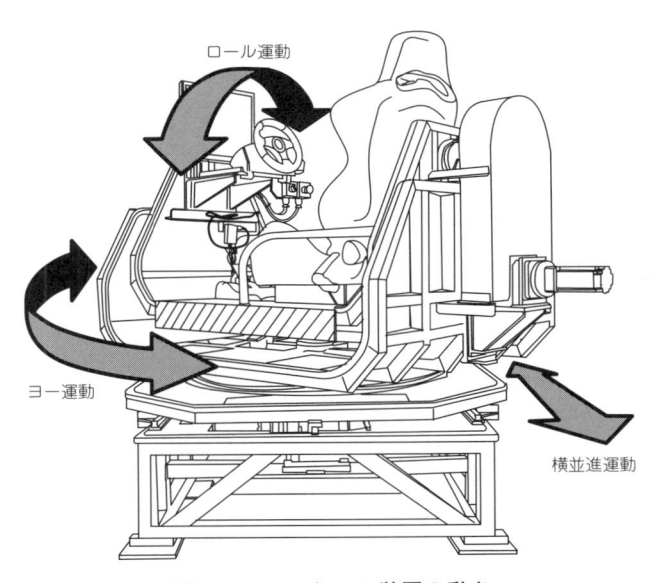

図 8-4 モーション装置の動き

ピン,あるいは,ドリフトコーナリング,カウンターステアの体感フィーリングは,かなり,実車走行の場合に近いものとなっている。また,横加速度に関しては,定常的な横加速度は,ロールにより,瞬間的な横加速度は並進運動により,定常横加速度は±0.4G程度(瞬間的には,最大±0.7G程度)を再現する(図8-4)。モーション装置の諸元・性能を表8-2に示す。

図8-5にドライビングシミュレーターの構成図を示す。実験では,被験者の体感フィーリングをリアルにするように暗幕で囲い,被験者はディスプレイに映し出された走行状況の映像を基に操作を行い,同時に制御側でもモニタを行った。

また,測定できる項目は次のようになっている。

＊運転状態データ:　操舵角,操舵トルク,車速,走行軌跡,車体スリップ角,ヨーレイト,ヨー角,ロール角,ピッチ角,横加速度,4輪実舵角等

表8-2　モーション装置付DS諸元

項　目	性　　　能
方　式	ACサーボモータ方式
制御方式	ロール,ヨー,横並進の3軸制御方式 (ポテンショメーターによるフィードバック制御)
主　仕　様	動揺・回転周波数 　　0～3Hz ロール動作 　　最大角度±20度 　　最大速度±50度／秒 ヨー動作 　　最大角度±90度 　　最大速度±40度／秒 横並進動作 　　最大変位±200mm 　　最大速度±240mm／秒 水平加速度　±0.7G
装置の大きさ	幅1,525mm×長さ2,037mm×高さ1,800mm程度
装置の重量	約400kg
供給電源	単相AC200V　及び　単相AC100V
搭乗者体重	80kg以下が望ましい

また,このドライビングシミュレーターの特徴として,車両モデルのソフトはMatlab/simulinkで行っているため,簡単に制御ブロック線図を変更することによって,各種制御が自由自在に行える。

このドライビングシミュレーターの用途は,コーナリング限界領域での下

ドリフトコーナリング対応ドライビングシミュレーター

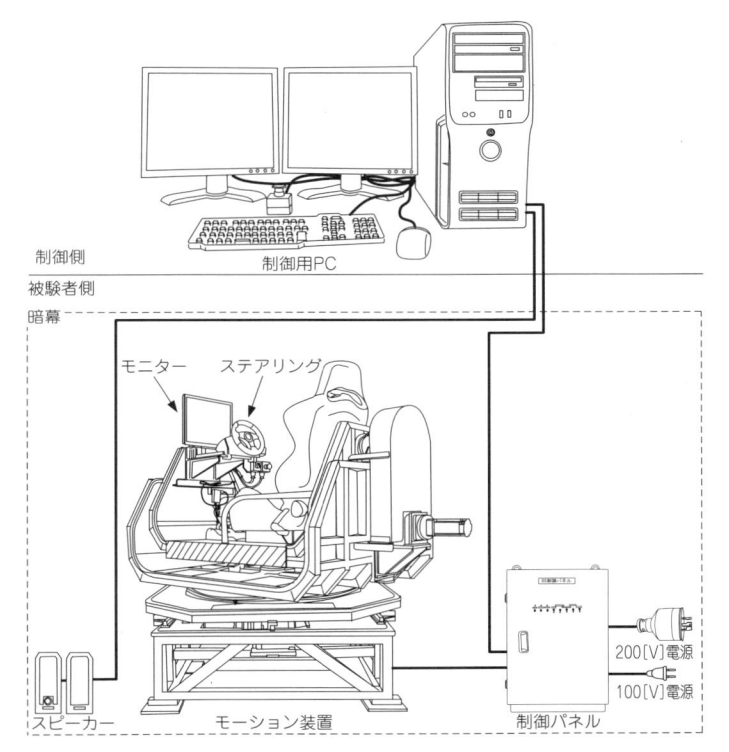

図8-5 「ドリフトコーナリング対応ドライビングシミュレーター」の構成

記のような研究等に用いることができると考えられる。
・ステアバイワイヤなどの新しい操舵方式の制御手法の研究
・コーナリング限界時の操縦安定性の研究
・新しいサスペンションの検討実験
・ドライバーの特性を考慮したアシスト制御を含めた新操舵方式の制御手法の研究
・人〜自動車系における望ましい車両制御法の研究

　このようなドライビングシミュレーターを用いることにより，安全に緊急状態の走行実験ができるという，実車では行うことが困難な研究を可能にしていることが，最大のメリットだと思われる。

183

以上のような，スピンあるいはドリフトコーナリング挙動等の限界時のコーナリングフィーリングが感じられるシミュレーターを構築した。そして，これを用いて，ドリフトコーナリング時の操縦特性の検討を行った結果，ドライバーは主としてヨーイングを，加えて横加速度をモーションフィードバックしたカウンターステアコントロールを行っていることを明らかとすることができた。すなわち，ドライビングシミュレーターは，1つひとつのモーションを発生させたり，発生させなかったりできるので，ドライバーはどのような，モーションフィードバックパラメータを体感して，例えばカウンターステアコントロール等を行っているのかということが，実験的に容易に明らかにすることができるのである。

8.4　まとめ

　ドライビングシミュレーターは，①モーション装置部，②視野映像部，③車両運動シミュレーションソフト部等に分かれて，今後も発展が望まれている。
　ドライビングシミュレーターは，仮想プルービンググラウンドとしてだけではなく，緊急回避等の危険を伴う状況におけるアシスト技術開発等に有効である。従って，自動車事故0をめざす，研究にはなくてはならない研究装置になってきていると思われる。そして，交通事故を低減するアシスト技術，近未来の自動車の新しい制御技術の向上に寄与していくことが予想される。

【演習問題の解答】

第1章

(1) 省略（本文中を参考のこと）

第2章

(1) $1,300\,(\text{kg}) \times 9.8\,(\text{m/sec}^2) \times 0.5\,(\text{G}) \times (0.5-0.1)\,(\text{m})/2,094\,(\text{Nm/deg}) \fallingdotseq 1.2°$

(2)～(6) 省略（本文中を参考のこと）

第3章

(1) $f = \dfrac{1}{2\pi}\sqrt{\dfrac{20,000}{4,000/9.8}} \fallingdotseq 1.1\,(\text{Hz})$

(2) $\zeta = c/c_c = \dfrac{c}{2\sqrt{W/9.8 \cdot k}} \times 100\,(\%) = \dfrac{600/0.3}{2\sqrt{4,000/9.8 \cdot 20,000}} \times 100\,(\%)$

$\fallingdotseq 35\,(\%)$ （したがって，適正ゾーンに入っている）

第4章

(1) $\Delta W = \dfrac{15,000\,(\text{N}) \times 0.8\,(\text{G}) \times 0.4\,(\text{m})}{2.6\,(\text{m})} \fallingdotseq 1,846\,(\text{N})$

$W_f' = W_f + 1,846 = 8,000 + 1,846 = 9,846\,(\text{N})$

$W_r' = W_r - 1,846 = 7,000 - 1,846 = 5,154\,(\text{N})$

$\therefore 9,846/(9,846+5154) \fallingdotseq 0.66$ （66%以上）

(2) $F_h = \dfrac{F \cdot (b \pm \mu \cdot c)}{a}$，また $T = \dfrac{f \cdot D}{2} = \dfrac{\mu \cdot F \cdot D}{2}$

両式から，（右回り） $F_h = \dfrac{2T \cdot (b+\mu \cdot c)}{\mu \cdot a \cdot D} = \dfrac{2 \times 20(0.3 + 0.25 \times 0.05)}{0.25 \times 1 \times 0.35} \fallingdotseq 143\,(\text{N})$

（左回り） $F_h = \dfrac{2T \cdot (b-\mu \cdot c)}{\mu \cdot a \cdot D} = \dfrac{2 \times 20(0.3 - 0.25 \times 0.05)}{0.25 \times 1 \times 0.35} \fallingdotseq 131\,(\text{N})$

【参 考 文 献】

1) 全国自動車整備専門学校協会編:二訂シャシ構造Ⅰ,山海堂,2001 年
2) 尾崎紀男:自動車工学(改定版),森北出版,1978 年
3) 日産教育センター:3 級シャシーテキスト,1994 年
4) 安部正人:自動車の運動と制御,山海堂,1992 年
5) 自動車工学ハンドブック〈第 1 分冊〉基礎・理論編,自動車技術会,1990 年,p. 122, p. 207, p. 271
6) 日産車の新型車解説書
7) カヤバ工業株式会社編:自動車のサスペンション,山海堂,1991 年
8) 全国自動車整備専門学校協会編:二訂シャシ構造Ⅱ,山海堂,2001 年
9) 小口泰平監修:ボッシュ自動車ハンドブック,山海堂,2003 年
10) 日産教育センター:2 級シャシーテキスト,1994 年
11) 三菱総合研究所産業・市場戦略研究本部自動車研究会編:テクノ図解 次世代自動車,東洋経済新報社,2001 年
12) W. Kading, et al. : The Advanced Daimler-Benz Driving Simulator, SAE Technical Paper Series, 950175, 1995
13) 岡　秀明:ユニバーサルデザインタクシー,自動車技術,Vol. 55, No. 7, 2001 年,p. 62
14) W. Linke, et al. : Simulation and Measurement of Driver-Vehicle Handling performance, SAE Technical Paper Series, 730489, 1973
15) 小口泰平:人－自動車系の横加速度特性,丘書房,1982 年
16) 吉本堅一:ドライビングシミュレータとともに 35 年,自動車技術,Vol. 57, No. 4, 2003 年,p. 3
17) 土居俊一:ヒューマンダイナミックスを考慮した車両評価,豊田中央研究所レビュー,Vol. 30, No. 3, 1995, p. 11
18) 廣瀬敏也,澤田東一,小口泰平:テーラーメイド運転支援システムの研究,JAHFA (JAPAN AUTOMOTIVE HALL OF FAME),No. 4, 2004 年,p. 92

――本著に関連した著者の報告論文――

A-1) 野崎:パワーステアリング付車のステアリング系剛性とステア特性について,自動車技術会　論文集,30 号,1985 年
A-2) H. Nozaki : The Effect of Steering System Rigidity on Vehicle Cornering Characteristics in Power-Assisted Steering Systems, JSAE Review paper, No. 16, 1985
A-3) 野崎,稲垣:ハードサスチューニングを安全にアシストする計測・診断システムについて,自動車技術会学術講演会前刷集,No. 1-99,1999 年

参考文献

A- 4) 野崎, 稲垣：車両に装着のままショックアブソーバとバネ定数を計測・診断する技術について, 自動車技術会学術講演会前刷集, 983 号, 1998 年
A- 5) H. Nozaki, Y. Inagaki : Measuring and Diagnosis Technology on Shock Absorber Damping Force and Coil Spring Constant, When a Shock Absorber and Coil Spring being equipped with a Car, JSAE Review paper, Vol. 20, No. 3, 1999
A- 6) 野崎, ドリフト走行時のドライバ操舵モデルと性能向上手法に関する一考察, 日本機械学会論文集（C 編）68 巻 675 号, 2002 年
A- 7) H. Nozaki : About the Driver Steer Model and the Improvement Technique of Vehicle Movement Performance at the Drift Cornering, Proceedings of the International Symposium on Advanced Vehicle Control（6th）, 2002
A- 8) 野崎, 発汗量によるドリフトコーナリング時におけるドライバリスク評価に関する一考察, 日本機械学会論文集（C 編）70 巻 699 号, 2004 年
A- 9) 野崎, 難しい車両コントロールと発汗量によるドライバリスク（主観的危険感）の評価の関連, 日本機械学会論文集（C 編）71 巻 703 号, 2005 年
A-10) Analysis of Driver's Risk Evaluation during Cornering by Amount of Perspiration, SAE Technical Paper Series, No. 2004-01-2091, 2004

【索　　引】

〔あ行〕

アクティブサスペンション ……… 71, 73, 77
アッカーマン・ジャント式 …………… 14
アンダーステア ………………… 38, 59
アンチスカット ……………………… 56
アンチダイブ ………………………… 57
アンチリフト ………………………… 58
1自由度系振動モデル ……………… 82
ASV ………………………………… 141
エアー式ブレーキ ………………… 100
エアー油圧式ブレーキ ……………… 99
エキゾーストブレーキ …………… 102
エンジン性能線図 ………………… 129
オーバーステア ………………… 38, 59

〔か行〕

カウンターステア ……………… 161, 163
加速抵抗 …………………………… 125
キャンバー角 ………………………… 20
キャスター角 ………………………… 22
キャスタートレール ………………… 22
キングピン傾斜角 …………………… 20
キングピンオフセット ……………… 21
空気抵抗 …………………………… 124
駆動力 ……………………………… 126
限界コントロール性 ………………… 58
減衰係数比 ……………………… 83, 85
減衰力 ………………………………… 86
減速度 ……………………………… 114
コーナリングフォース ………………… 1
勾配抵抗 …………………………… 125
こもり音 ……………………………… 79
固有振動数 …………………………… 84
転がり抵抗 ………………………… 123

コンプライアンスステア …………… 53

〔さ行〕

サスペンション ……………………… 24
サスペンションジオメトリー …… 13, 27
サスペンション瞬間中心 …………… 47
Gバルブ …………………………… 113
視線検出装置 ……………………… 162
車軸懸架 …………………………… 24
車体スリップ角 ………………… 35, 162
ジャッキアップ ……………………… 45
周波数応答 ……………………… 32, 46
衝撃吸収ボディー ………………… 140
衝突安全 …………………………… 139
ショックアブソーバー ……………… 29
ショックアブソーバー減衰力 ……… 85
ショックアブソーバーテスター …… 174
スカイフック制御 …………………… 71
スタビライザー ……………………… 30
スタビリティーファクター ……… 41, 42
ステア特性 ………………………… 38
ステアリングギヤ比 ………………… 17
ステアリング系剛性配分 …………… 52
ステアリングシミー ………………… 78
ストラット式サスペンション ……… 27
スピン ………………… 31, 58, 164, 172
スプリング ………………………… 28
スラスト角 ………………………… 24
スリップ角 …………………………… 1
スリップ率 ………………………… 11
制動力配分 ………………………… 109
セルフアライニングトルク ………… 7
前方注視モデル …………………… 161
走行性能線図 ……………………… 127

189

索　引

走行抵抗 …………………………………… 126

〔た行〕
タイヤ特性 ……………………………… 5, 6, 11
タイヤ偏平率 ………………………………… 4
惰行性能 …………………………………… 130
ダブルウィッシュボーン式 ………………… 28
ダンピング ………………………………… 83
ディスクブレーキ ………………………… 95
トーイン …………………………………… 23
トーションビーム式 ……………………… 26
独立懸架 …………………………………… 26
ドライビングシミュレーター ……… 33, 151
ドラムインディスク式 …………………… 101
ドラムブレーキ …………………………… 96
ドリフトアウト …………………………… 31

〔な行〕
内外輪荷重移動量 ………………………… 49
2自由度運動方程式 …………………… 36, 63
2自由度系振動モデル …………………… 67
2自由度車両運動モデル ………………… 36
ニューマチックトレール ……………… 7, 8
ネガティブキャンバー角 ………………… 20
粘性減衰係数 ……………………………… 81
燃料消費率 ………………………………… 129
燃料電池式電気自動車 …………………… 135
ノーズダイブ ……………………………… 55

〔は行〕
発汗計 ……………………………………… 170
発汗量 ……………………………………… 169
ハードサス ………………………………… 87
ハイブリット車 …………………………… 135
バウンス系のチューニング ……………… 81
ばね定数 …………………………………… 67
パーキングブレーキ ……………………… 101

パラレル式 ………………………………… 14
バリアフリーカー ………………………… 145
パワーステアリング …………………… 17, 51
人-自動車系 ……………………………… 151
フートブレーキ …………………………… 93
5リンク式 ………………………………… 25
フォーミュラカー ………………………… 173
VDC ………………………………………… 59
ブレーキ装置 ……………………………… 91
ブレーキ配管 ……………………………… 106
プロポーショニングバルブ ……………… 105
偏平タイヤ ………………………………… 4
ホイールアライメント …………………… 18

〔ま行〕
摩擦円 ……………………………………… 55

〔や行〕
US-OS特性 ………………………………… 39
ユニバーサルデザイン …………………… 147
ヨーイング …………………………… 36, 152
横運動試験台 ……………………………… 154
余裕駆動力 ………………………………… 128
4輪操舵システム（4 WS） ……………… 152

〔ら行〕
ラック＆ピニオン式 ……………………… 15
リーディングトレーリングシュー式
　………………………………………… 97
リサキュレーティングボール（RB）式
　………………………………………… 16
リターダー ………………………………… 104
ロードセンシング・プロポーショニングバルブ
　………………………………………… 113
ロードノイズ ……………………………… 80
ロール ………………………………… 45, 48
ロール角 …………………………………… 48

索　引

ロールキャンバー ……………………… 50
ロール制御 ……………………………… 74
ロールステア …………………………… 50
ロールセンター ………………………… 46
ロール剛性 ……………………………… 48
ロック限界線 …………………………… 111

【著者紹介】
野崎 博路(のざき ひろみち)

略　歴　宮城県塩釜市生まれ（1955）
　　　　芝浦工業大学大学院工学研究科機械工学専攻修士課程修了（1980）
　　　　博士（工学）（2001）
　　　　自動車技術会フェロー（2011）
　　　　日本自動車殿堂副会長（2016）

職　歴　日産自動車㈱車両研究所等にて操縦安定性の研究に従事（1980）
　　　　日産アルティア㈱出向．開発部主担（課長），サスペンションチューニング装置等の開発に携わる（1995）
　　　　近畿大学理工学部機械工学科助教授（2001）
　　　　工学院大学工学部機械システム工学科准教授（2008）
　　　　工学院大学工学部機械システム工学科教授（2010）

著　書　『サスチューニングの理論と実際』東京電機大学出版局，2008
　　　　『自動車の限界コーナリングと制御』東京電機大学出版局，2015
　　　　『徹底カラー図解 自動車のしくみ』マイナビ出版，2017

基礎
自動車工学

2008年 9月10日　第1版1刷発行	ISBN 978-4-501-41720-8 C3053
2020年 7月20日　第1版5刷発行	

著　者　野崎博路
　　　　© Nozaki Hiromichi 2008

発行所　学校法人 東京電機大学　〒120-8551　東京都足立区千住旭町5番
　　　　東京電機大学出版局　　　Tel. 03-5284-5386（営業）03-5284-5385（編集）
　　　　　　　　　　　　　　　　Fax. 03-5284-5387　振替口座 00160-5-71715
　　　　　　　　　　　　　　　　https://www.tdupress.jp/

JCOPY ＜(社)出版者著作権管理機構　委託出版物＞
本書の全部または一部を無断で複写複製（コピーおよび電子化を含む）することは，著作権法上での例外を除いて禁じられています。本書からの複製を希望される場合は，そのつど事前に，(社)出版者著作権管理機構の許諾を得てください。
また，本書を代行業者等の第三者に依頼してスキャンやデジタル化をすることはたとえ個人や家庭内での利用であっても，いっさい認められておりません。
［連絡先］Tel. 03-5244-5088, Fax. 03-5244-5089, E-mail: info@jcopy.or.jp

印刷・製本　新日本印刷（株）　　装丁　鎌田正志
落丁・乱丁本はお取り替えいたします。　　　　　　　　　　　Printed in Japan